数值代数实验指导

周解勇　编著

上海财经大学出版社

图书在版编目(CIP)数据

数值代数实验指导/周解勇编著. —上海:上海财经大学出版社,2017.8

ISBN 978-7-5642-2755-5/F·2755

Ⅰ.①数… Ⅱ.①周… Ⅲ.①线性代数计算法
Ⅳ.①O241.6

中国版本图书馆 CIP 数据核字(2017)第 120318 号

□ 责任编辑　何苏湘

□ 封面设计　张克瑶

SHUZHI DAISHU SHIYAN ZHIDAO

数 值 代 数 实 验 指 导

周解勇　编著

上海财经大学出版社出版发行

(上海市中山北一路 369 号　邮编 200083)

网　址:http://www.sufep.com

电子邮箱:webmaster @ sufep.com

全国新华书店经销

上海华教印务有限公司印刷装订

2017 年 8 月第 1 版　2017 年 8 月第 1 次印刷

787mm×1092mm　1/16　6.25 印张　102 千字

定价:33.00 元

前　言

数值代数是信息与科学计算本科专业的一门核心方向课程，涉及线性方程组求解、最小二乘问题、特征值求解等理论与方法，对于培养学生的理论和实践应用能力具有十分重要的意义。这门课程在进行理论教学的同时，需要同步进行实验教学，以加深学生对于理论知识的理解和运用。因此，本实验指导书以徐树芳先生等人编写的《数值线性代数》为参照，对本书的理论知识进行归纳，并辅以大量算例。特别地，本书还对Krylov 子空间方法的部分进行扩充，培养学生处理大规模问题的能力，以适应大数据时代的需求。作者希望该书能尽量做到独立使用，作为信息与科学计算专业、应用数学专业及相关专业的本科生与研究生、工程技术人员的参考用书。

因作者水平有限，时间仓促，本书多有不足，请同行及读者指正。

本书的写作得到上海财经大学数学学院、上海财经大学教务处和上海财经大学实验教学中心的支持，作者对他们表示感谢。本书的责任编辑何苏湘女士，我的研究生余宏伟同学、蓝日辉同学也为本书付出了大量的劳动，作者对他们表示感谢。

编者

2017 年4月

目 录

1 Matlab应用基础

§1.1 Matlab简介

Matlab是美国Mathworks公司推出的用于数值计算和图形处理计算系统环境。虽然Cleve Moler 教授开发它的初衷是为了更简单、更快捷地解决矩阵运算，但Matlab 现在的发展已经使其成为一种集数值运算、符号运算、数据可视化、图形界面设计、程序设计、仿真等多种功能于一体的集成软件。具有卓越的数值计算能力，还提供专业水平的符号计算、文字处理、可视化建模仿真和实时控制等功能。Matlab的指令表达式与数学、工程中常用的形式十分相似，是国际公认的优秀数学应用软件之一。

整个Matlab系统由两个部分构成，即Matlab内核和辅助工具箱。Matlab语言有两种基本的数据运算量：数组和矩阵。单从形式上，它们之间是不容易区分的，包括控制语句、函数、数据结构、输入输出及面向对象等特点的高级语言，它具有以下功能：

(1) 语言简洁，编程效率高；
(2) 交互性好，使用方便；
(3) 强大的绘图能力，便于数据可视化；
(4) 学科众多、领域广泛的工具箱；
(5) 开放性好，易于扩充；
(6) 与C 语言和Fortran 语言有良好的接口。

§1.2 Matlab开发环境

Matlab 的主界面是一个高度集成的工作环境，有4 个不同职责分工的窗口，它们分别是命令窗口(Command Window)、历史命令(Command History)窗口、当前目录(Current Directory)窗口和工作空间(Workspace)窗口。除此之外，Matlab 6.5 之后的版本还添加了开始按钮(Start)。我们现介绍这些窗口功能如下：

(1) 主窗口：该窗口不能进行任何计算任务的操作，只用来进行一些整体的环境参数的设置。

(2) 命令窗口(Command Window)：可输入的对象除Matlab命令之外，还包括函数、表达式、语句以及M 文件名或MEX 文件名等，同时，还在这个窗口里显示命令执行结果。

(3) 历史命令(Command History)窗口：历史命令窗口是Matlab用来存放曾在命令窗口中使用过的语句。它借用计算机的存储器来保存信息。其主要目的是为了便于用户追溯、查找曾经用过的语句，利用这些既有的资源节省编程时间。

(4) 当前目录(Current Directory)窗口：Matlab 借鉴Windows 资源管理器管理磁盘、文件夹和文件的思想，设计了当前目录窗口。利用该窗口可组织、管理和使用所有Matlab 文件和非Matlab 文件，例如新建、复制、删除和重命名文件夹和文件。甚至还可用此窗口打开、编辑和运行M程序文件以及载入MAT 数据文件等。当然，其核心功能还是设置当前目录。

(5) 工作空间(Workspace)窗口：工作空间窗口的主要目的是为了对Matlab中用到的变量进行观察、编辑、提取和保存。从该窗口中可以得到变量的名称、数据结构、字节数、变量的类型甚至变量的值等多项信息。工作空间的物理本质就是计算机内存中的某一特定存储区域，因而工作空间的存储表现亦如内存的表现。

§1.3 Matlab的矩阵计算功能

矩阵是Matlab数据存储的基本单元，在Matlab语言系统中几乎一切运算均是以对矩阵的操作为基础的。

1.3.1 矩阵的生成

(1) 直接输入法

从键盘上直接输入矩阵是最方便、最常用的创建数值矩阵的方法，尤其适合较小的简单矩阵。在用此方法创建矩阵时，应当注意以下几点:

- 输入矩阵时要以“[ ]”为其标识符号，矩阵的所有元素必须都在括号内。
- 矩阵同行元素之间由空格或逗号分隔，行与行之间用分号或回车键分隔。
- 矩阵大小不需要预先定义。
- 矩阵元素可以是运算表达式。
- 若“[ ]”中无元素表示空矩阵。

另外，在Matlab语言中冒号的作用是最为丰富的。首先，可以用冒号来定义行向量，如图1.1所示。

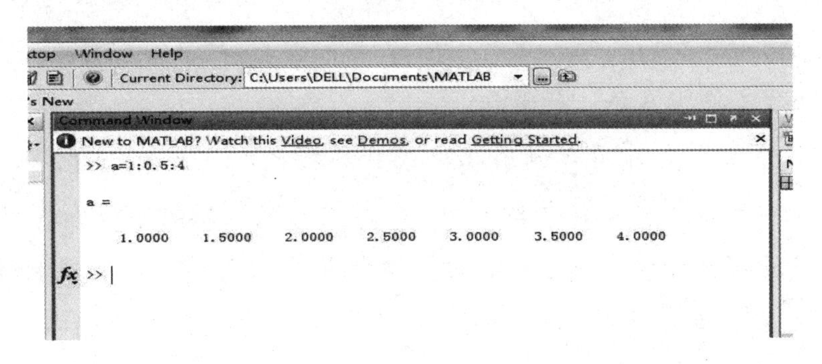

图 1.1 矩阵的生成

其次，通过使用冒号，可以截取指定矩阵中的部分，如图1.2所示。

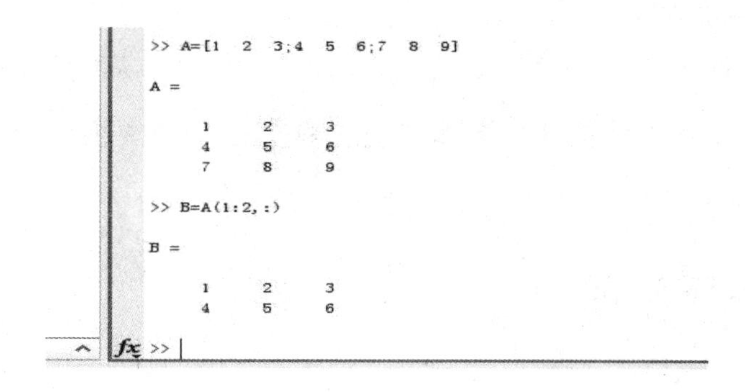

图 1.2 矩阵的生成

通过上例可以看到B是由矩阵A的1到2行和相应的所有列的元素构成的一个新的矩阵。在这里，冒号代替了矩阵A 的所有列。

Matlab中，也采用特殊的矩阵向量表示序列，但Matlab 序列下标默认从1开始递增，因此表示离散信号$\{x(n)\}=\{\cdots,x(-1),x(0),\cdots\}$，一般采用两个向量分别对信号的自变量和因变量进行描述。如$x(n)=\{2,1,-1,0,1,4,3,7\}$，$n=-3,\cdots,4$。

在Matlab中表示为：

$n=[-3,-2,-1,0,1,2,3,4]$; %自变量取值

$x=[2,1,-1,0,1,4,3,7]$; %因变量取值

注意：分号"；"表示不回显表达式的值；"%"表示其后内容为注释对象。

(2) 外部文件读入法

Matlab语言也允许用户调用在Matlab环境之外定义的矩阵。可以利用任意的文本编辑器编辑所要使用的矩阵，矩阵元素之间以特定分断符分开，并按行列布置。另外也可以利用Load函数，其调用方法为：Load+ 文件名[参数]。

Load函数将会从文件名所指定的文件中读取数据，并将输入的数据赋给以文件名命名的变量，如果不给定文件名，则将自动认为matlab.mat文件为操作对象，如果该文件在Matlab搜索路径中不存在时，系统将会报错。

例如：事先在记事本中建立文件：$\begin{matrix} 1 & 1 & 1 \\ 1 & 2 & 3 \\ 1 & 3 & 6 \end{matrix}$，并以data1.txt 保存。在Matlab命令窗口中输入：

```
>> load data1.txt
>> data1
```

$$data1 = \begin{matrix} 1 & 1 & 1 \\ 1 & 2 & 3 \\ 1 & 3 & 6 \end{matrix}$$

(3) 特殊矩阵的生成

对于一些比较特殊的矩阵（单位阵、矩阵中含1或0较多），由于其具有特殊的结构，Matlab 提供了一些函数用于生成这些矩阵。常用的有下面几个：

zeros(m)　生成m阶全0 矩阵

eye(m)　生成m阶单位矩阵

ones(m)　生成m阶全1 矩阵

rand(m)　生成m阶均匀分布的随机矩阵

randn(m)　生成m阶正态分布的随机矩阵

1.3.2 矩阵的基本数学运算

矩阵的基本数学运算包括矩阵的四则运算、与常数的运算、逆运算、行列式运算、秩运算、特征值运算等基本函数运算，这里进行简单介绍。

(1) 四则运算

矩阵的加、减、乘运算符分别为“+, −, *”，用法与数字运算几乎相同，但计算时要满足其数学要求（如：同型矩阵才可以加、减）。在Matlab中矩阵的除法有两种形式：左除“\”和右除“/”。在传统的Matlab 算法中，右除是先计算矩阵的逆再相乘，而左除则不需要计算逆矩阵直接进行除运算。通常右除要快一点，但左除可避免被除矩阵的奇异性所带来的麻烦。

(2) 与常数的运算

常数与矩阵的运算即是同该矩阵的每一元素进行运算。但需注意进行数除时，常数通常只能做除数。

(3) 基本函数运算

矩阵的函数运算是矩阵运算中最实用的部分，常用的主要有以下几个：

$det(a)$	求矩阵a的行列式
$eig(a)$	求矩阵a的特征值
$inv(a)$或a^{-1}	求矩阵a的逆矩阵
$rank(a)$	求矩阵a的秩
$trace(a)$	求矩阵a的迹（对角线元素之和）

例如：

$>> \quad a=[2\ \ 1\ \ -3\ \ -1;\ 3\ \ 1\ \ 0\ \ 7;\ -1\ \ 2\ \ 4\ \ -2;\ 1\ \ 0\ \ -1\ \ 5];$

$>> \quad a1=det(a);$

$>> \quad a2=det(inv(a));$

$>> \quad a1*a2$

$ans=$

1

注意：命令行后加“；”表示该命令执行但不显示执行结果。

1.3.3 矩阵的数组运算

我们在进行工程计算时常常遇到矩阵对应元素之间的运算。这种运算不同于前面讲的数学运算，为有所区别，我们称之为数组运算。

(1) 基本数学运算

数组的加、减与矩阵的加、减运算完全相同。而乘除法运算有相当大的区别，数组的乘除法是指两同维数组对应元素之间的乘除法，它们的运算符为“.*”和“./”或“.\”。前面讲过常数与矩阵的除法运算中常数只能做除数。在数组运算中有了"对应关系"的规定，数组与常数之间的除法运算没有任何限制。

另外，矩阵的数组运算中还有幂运算.^、指数运算exp、对数运算log、和开方运算$sqrt$ 等。有了“对应元素”的规定，数组的运算实质上就是针对数组内部的每个元素进行的。

例如

$>>\quad a=[2\;1\;-3\;-1;\;3\;1\;0\;7;\;-1\;2\;4\;-2;\;1\;0\;-1\;5]$

$>>\quad a\hat{}3;$

$$ans=\begin{array}{cccc} 32 & -28 & -101 & 34 \\ 99 & -12 & -151 & 239 \\ -1 & 49 & 93 & 8 \\ 51 & -17 & -98 & 139 \end{array}$$

$>>\quad a\cdot\hat{}\,3$

$$ans=\begin{array}{cccc} 8 & 1 & -27 & -1 \\ 27 & 1 & 0 & 343 \\ -1 & 8 & 64 & -8 \\ 1 & 0 & -1 & 125 \end{array}$$

由上例可见矩阵的幂运算与数组的幂运算有很大的区别。

(2) 逻辑关系运算

逻辑运算是Matlab中数组运算所特有的一种运算形式，也是几乎所有的高级语言普遍适用的一种运算。它们的具体符号、功能及用法见表1.1。

表 1.1 逻辑运算

符号运算符	功能	函数名
==	等于	eq
=	不等于	ne
<	小于	lt
>	大于	gt
<=	小于等于	le
>=	大于等于	ge
&	逻辑与	and
		逻辑或	or
~	逻辑非	not

在表1.1中，

(a) 在关系比较中，若比较的双方为同维数组，则比较的结果也是同维数组。它的元素值由0和1组成。当比较双方对应位置上的元素值满足比较关系时，它的对应值为1，否则为0。

(b) 当比较的双方中一方为常数，另一方为一数组，则比较的结果与数组同维。在算术运算、比较运算和逻辑与、或、非运算中，它们的优先级关系先后为：比较运算、算术运算、逻辑与或非运算。

逻辑运算如图1.3所示。

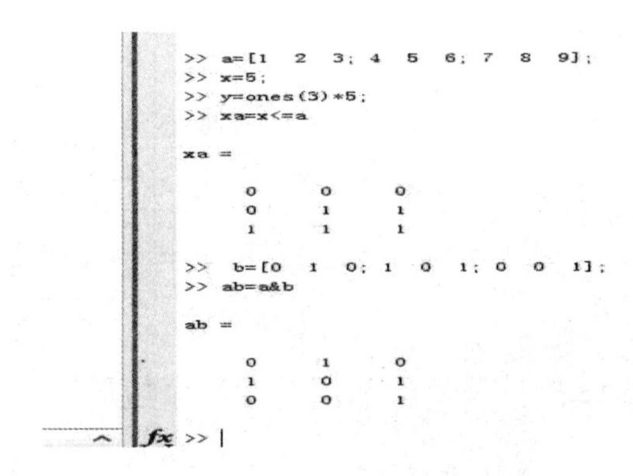

图 1.3 逻辑运算

§1.4 Matlab的常用控制语句和绘图语句

1.4.1 循环语句

Matlab提供两种循环方式，for循环和while循环。在循环语句中，一组被重复执行的语句称为循环体。每循环一次，都必须做出判断，是继续循环执行还是中止执行跳出循环，这个判断的依据称为循环的中止条件。由于这些结构经常包含大量的Matlab命令，故经常出现在M文件中，而不是直接加在Matlab提示符下。

(1) for 循环

for循环允许一组命令以固定的和预定的次数重复。for 循环的一般形式是：

$$\begin{aligned}&for \quad x = array\\&\qquad\quad commands\\&end\end{aligned}$$

在for和end语句之间的commands按数组中的每一列执行一次。在每一次迭代中，x被指定为数组的下一列，即在第n次循环中，x=$array(:, n)$。使用for循环应该注意：

(a) for循环不能用for循环内重新赋值循环变量n来终止。

(b) 在for循环内接受任何有效的Matlab数组。

(c) for循环可按需要嵌套。

(2) while 循环

与for循环以固定次数求一组命令的值相反，while 循环以不定的次数求一组语句的值。while循环的一般形式是：

$$\begin{aligned}&while \quad expression\\&\qquad\quad commands\\&end\end{aligned}$$

只要在表达式里的所有元素为真，就执行while和end 语句之间的commands。通常，表达式的求值给出一个标量值，但数组值也同样有效。在数组情况下，所得到数组的所有元素必须都为真。

1.4.2 选择语句

很多情况下，命令的序列必须根据关系的检验有条件地执行。在编程语言里，这种逻辑由某种If-Else-End结构来提供。最简单的If-Else-End结构是：

$$
\begin{array}{ll}
if & expression \\
 & commands \\
end &
\end{array}
$$

如果表达式中的所有元素为真(非零)，执行if和end语言之间的commands。当有三个或更多的选择时，If-Else-End结构采用形式

$$
\begin{array}{ll}
if & expression1 \\
 & commands\ evaluated\ if\ expression1\ is\ True \\
elseif & expression2 \\
 & commands\ evaluated\ if\ expression2\ is\ True \\
elseif & expression3 \\
 & commands\ evaluated\ if\ expression3\ is\ True \\
elseif & expression4 \\
 & commands\ evaluated\ if\ expression4\ is\ True \\
elseif & \cdots\cdots \\
 & \vdots \\
 & \vdots \\
else & \\
 & commands\ evaluated\ if\ no\ other\ expression\ is\ True \\
end &
\end{array}
$$

这种形式，只和所碰到的、与第一个真值表达式相关的命令被执行；接下来的关系表达式不检验，跳过其余的If-Else-End结构。最后的else命令可有可无。

§1.5 Matlab的常用绘图语句

利用Matlab, 对信号的波形进行描述, 常用的绘图语句有plot, stem, subp-lot, axis, title, xlabel, ylabel, gtext, hold on, hold off, grid 等。以下将简单介绍几种常用绘图语句的使用方法，也可通过在命令窗口中输入help加函数名查询使用方法。

1.5.1 二维图形的绘制语句

(1) 二维图形的绘制是Matlab语言图形处理的基础, Matlab 最常用的画二维图形的命令是plot，stem语句。plot 绘制连续图形，stem 绘制离散图形。例如plot语句的调用：

$>> \quad x = linspace(0, 2*pi, 30);$

$>> \quad y = sin(x);$

$>> \quad plot(x, y)$

生成的图形如图1.4所示，是由30个点连成的光滑的正弦曲线。

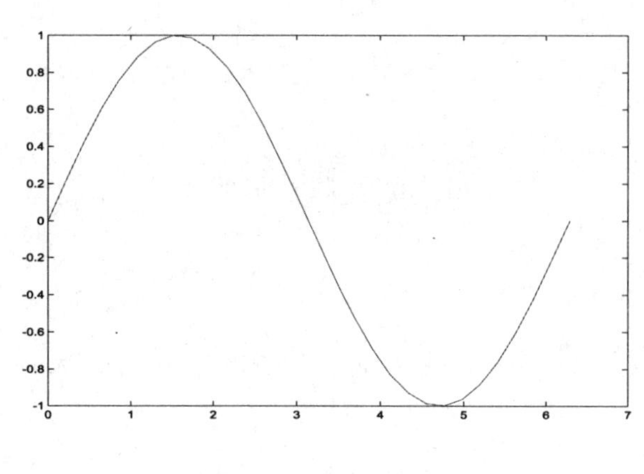

图 1.4 正弦曲线

例如，stem语句的调用：

$n = 20;$

$x = zeros(n, 1);$

$for\ i = 1 : n$

$\quad x(i, 1) = 2 * i * pi/20;$

end

$y = zeros(n, 1);$

$y = sin(x);$

$stem(x, y);$

$xlabel('x');$

$ylabel('y');$

生成的图形如图1.5所示。

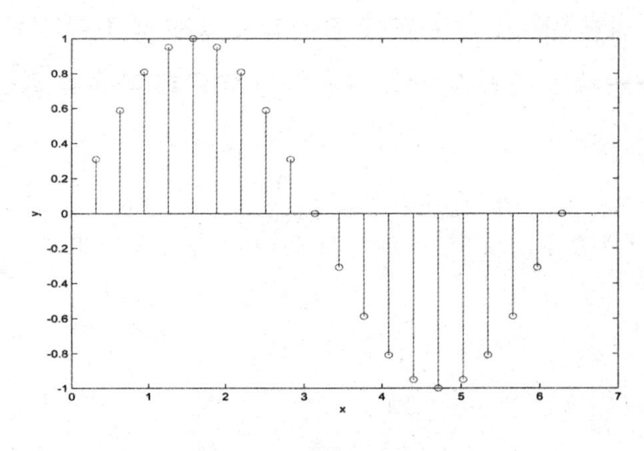

图 1.5 离散正弦曲线

(2) 多重线

在同一个画面上可以画许多条曲线，只需多给出几个数组，例如:

$>> \quad x = 0 : pi/15 : 2 * pi;$

$>> \quad y1 = sin(x);$

$>> \quad y2 = cos(x);$

$>> \quad plot(x, y1, x, y2)$

则可以画出图1.6。

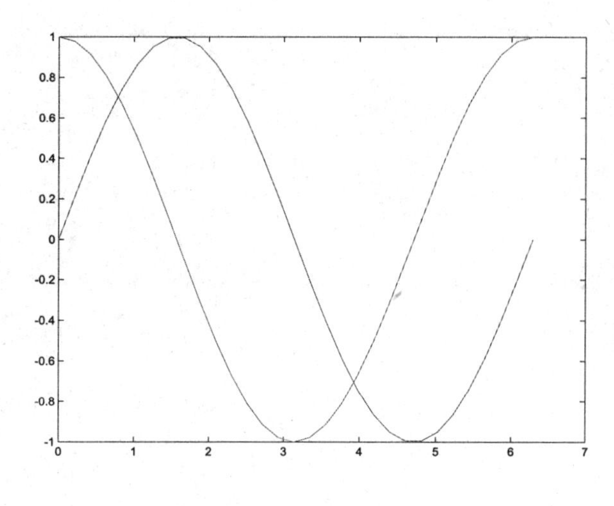

图 1.6 正余弦曲线

多重线的另一种画法是利用hold命令。在已经画好的图形上，设置hold on，Matlab将把新的plot命令产生的图形画在原来的图形上。而命令hold off将结束这个过程。例如：

$$>> x = linspace(0, 2*pi, 30); y = sin(x); plot(x, y)$$

先画好正弦函数的图，然后用下述命令增加cos(x)的图形，也可得到图1.6。

$>>\quad hold\ on$

$>>\quad z = cos(x); plot(x, z)$

$>>\quad hold\ off$

(3) 线型和颜色

Matlab对曲线的线型和颜色有许多选择，标注的方法是在每一对数组后加一个字符串参数，说明如下：

线型线方式：- 实线；:点线；-. 虚点线；- - 波折线。

线型点方式：. 圆点；+加号；* 星号；x x 形；o 小圆。

颜色：y黄；r红；g绿；b蓝；w白；k 黑；m 紫；c 青。

以下面的例子说明用法:

$>> \quad x = 0 : pi/15 : 2 * pi;$

$>> \quad y1 = sin(x); y2 = cos(x);$

$>> \quad plot(x, y1,'b:+', x, y2,'g-.*')$

可得图1.7。

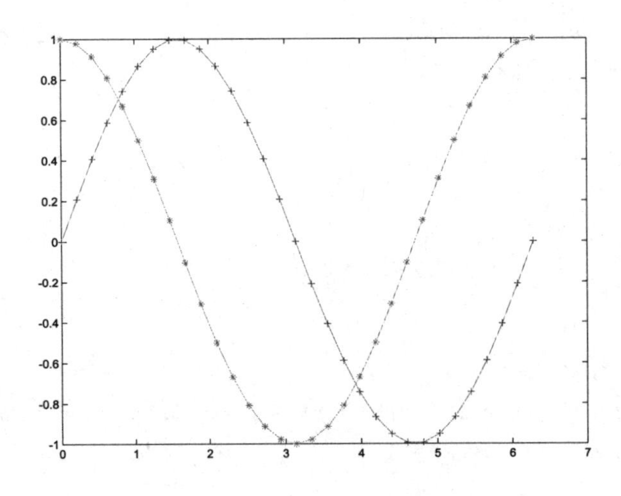

图 1.7 正余弦曲线

(4) 网格和标记

在一个图形上可以加网格、标题、x轴标记、y轴标记，用下列命令完成这些工作: grid用于绘制网格; axis 指定x 和y 轴的取值范围，用在stem或plot语句后; title 标注图形名称，xlabel, ylabel 分别标注x轴和y轴名称; gtext可将标注内容放置在鼠标点击处。

$>> \quad x = linspace(0, 2 * pi, 30); y = sin(x); z = cos(x);$

$>> \quad plot(x, y, x, z)$

$>> \quad grid$

$>> \quad xlabel('Independent\ Variable\ X')$

$>> \quad ylabel('Dependent\ Variables\ Y\ and\ Z')$

$>> \quad title('Sine\ and\ Cosine\ Curves')$

它们可以产生图1.8 也可以在图的任何位置加上一个字符串，如用：

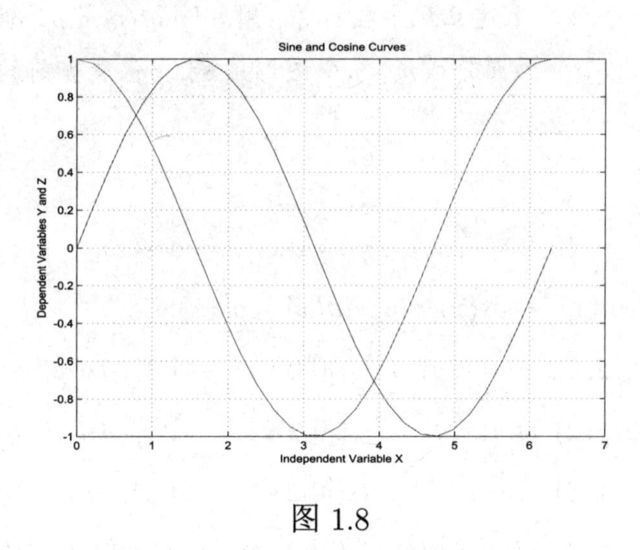

图 1.8

$$>> text(2.5, 0.7,' sinx')$$

表示在坐标x=*2.5*, y=*0.7*处加上字符串$sinx$。更方便的是用鼠标来确定字符串的位置，方法是输入命令：

$$>> gtext('sinx')$$

在图形窗口十字线的交点是字符串的位置，用鼠标点一下就可以将字符串放在那里。

(5) 坐标系的控制

在缺省情况下Matlab自动选择图形的横、纵坐标的比例，如果你对这个比例不满意，可以用axis命令控制，常用的有：

axis([xmin xmax ymin ymax]) [ ]中分别给出x轴和y 轴的最大值、最小值

axis equal 或axis('equal') x轴和y轴的单位长度相同

axis square 或axis('square') 图框呈方形

axis off 或axis('off') 清除坐标刻度

还有axis auto axis image axis xy axis ij axis normal axis on axis(axis) 用法可参考在线帮助系统。

(6) 多幅图形

可以在同一个画面上建立几个坐标系，用$subplot(m,n,p)$ 命令，应在stem或plot 语句前，把一个画面分成$m\times n$个图形区域，p代表当前的区域号，在每个区域中分别画一个图，如

$$>> \quad x = linspace(0, 2*pi, 30); y = sin(x); z = cos(x);$$

$$>> \quad u = 2*sin(x).*cos(x); v = sin(x)./cos(x);$$

$$>> \quad subplot(2,2,1), plot(x,y), axis([0\ 2*pi\ \ -1\ 1]), title('sin(x)')$$

$$>> \quad subplot(2,2,2), plot(x,z), axis([0\ 2*pi\ \ -1\ 1]), title('cos(x)')$$

$$>> \quad subplot(2,2,3), plot(x,u), axis([0\ 2*pi\ \ -1\ 1]), title('2sin(x)cos(x)')$$

$$>> \quad subplot(2,2,4), plot(x,v), axis([0\ 2*pi\ \ -20\ 20]), title('sin(x)/cos(x)')$$

共得到4幅图形，见图1.9。

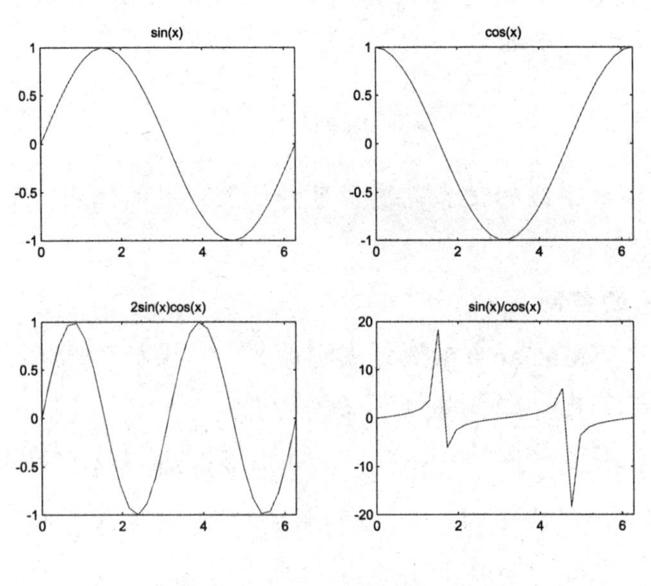

图 1.9

1.5.2 三维图形

(1) 带网格的曲面$z = f(x, y)$的图形

$$z = \frac{sin\sqrt{x^2+y^2}}{\sqrt{x^2+y^2}}, \quad -7.5 \leqslant x \leqslant 7.5, \quad -7.5 \leqslant y \leqslant 7.5$$

用以下程序实现:

$>> \ x = -7.5 : 0.5 : 7.5;$

$>> \ y = x;$

$>> \ [X, Y] = meshgrid(x, y);$ （三维图形的X,Y 数组）

$>> \ R = sqrt(X.\hat{}2 + Y.\hat{}2) + eps;$ （加eps是防止出现0/0）

$>> \ Z = sin(R)./R;$

$>> \ mesh(X, Y, Z)$ （三维网格表面）

画出的图形如图1.10, mesh命令也可以改为surf, 只是图形效果有所不同, 读者可以上机查看结果。

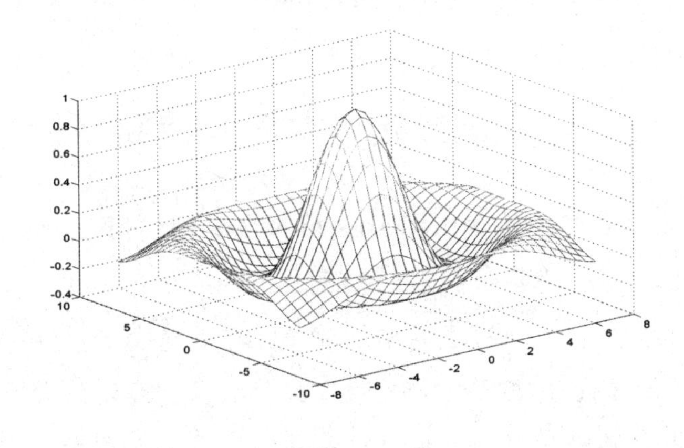

图 1.10

(2) 空间曲线

例: 作螺旋线$x = sint$, $y = cost$, $z = t$,用以下程序实现:

$>> \ t = 0 : pi/50 : 10 * pi;$

$>> \ plot3(sin(t), cos(t), t)$ （空间曲线作图函数, 用法类似于plot）

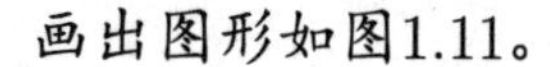
画出图形如图1.11。

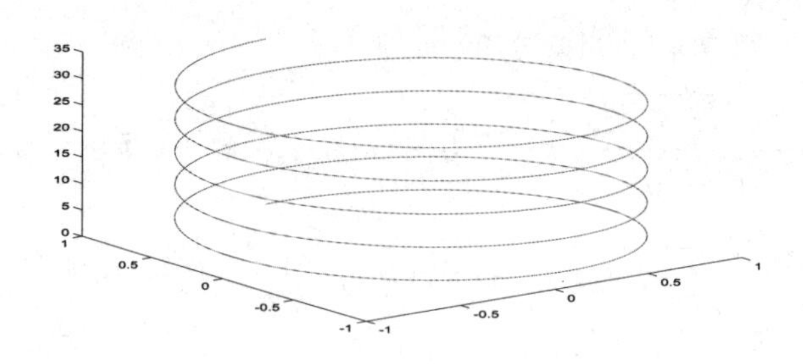

图 1.11

(3) 等高线

用contour 或contour3 画曲面的等高线，如对图1.10 的曲面，在上面的程序后接contour(X,Y,Z,10) 即可得到10条等高线。

(4) 其他较有用的是给三维图形指定观察点的命令view(azi,ele)，azi 是方位角，ele 是仰角，缺省时azi=-37.5° ele=30° 。

§1.6 Matlab中M文件的编写及使用

使用Matlab函数时，例如inv, abs, angle和sqrt，Matlab获取传递给它的变量，利用所给的输入计算所要求的结果，然后把这些结果返回。由函数执行的命令，以及由这些命令所创建的中间变量，都是隐含的，所有可见的东西是输入和输出。这些属性使得函数成为强有力的工具，用以计算命令。Matlab提供了一个创建用户函数的结构，并以M文件的文本形式存储在计算机上。一个函数M文件有.m 扩展名的文本文件，函数M文件不进入命令窗口，而是由文本编辑器所创建的外部文本文件。函数与Matlab工作空间之间的通信，只通过传递给它的变量和通过它所创建的输出变量实现。在函数内中间变量不出现在Matlab工作空间，或与Matlab工作空间不交互。一个函数的M 文件的第一行把M文件定义为一个函数，并指定它的名字。它与文件名相同，但没有.m 扩展名。它也定义了它的输入和输出变量。接下来的注释行是所展示的文本，它与帮助命令相对应。第一行帮助行称为H1 行，是由lookfor 命令所搜索的行。最后，M文件的其余部分包含了Matlab创建输出变量的命令。编写M文件函数请注意以下规则：

(1) 函数名和文件名必须相同。例如，函数fliplr 存储在名为fliplr.m 文件中。

(2) 函数可以有零个或多个输入参量；函数可以按少于函数M 文件中所规定的输入和输出变量进行调用，但不能用多于函数M 文件中所规定的输入和输出变量数目。

(3) 当函数有一个以上输出变量时，输出变量包含在括号内；当一个函数说明一个或多个输出变量，但没有要求输出时，就简单地不给输出变量赋任何值。

(4) 应尽量避免使用全局变量。要是用了全局变量，建议全局变量名要长，它包含所有的大写字母，并有选择地以首次出现的M文件的名字开头。

(5) 不需要用end语句作为M文件的结束标志。当函数M文件到达M 文件终点，或者碰到返回命令return，就结束执行和返回。return 命令提供了一种结束一个函数的简单方法，而不必到达文件的终点。

(6) 在运行M文件之前，要把它所在目录加到Matlab的搜索路径上去，或将文件所在目录设为当前目录。

(7) M文件函数可像Matlab命令一样工作，调用一个函数时把参量放在括号内。

§1.7 Matlab中的help命令

完善的帮助系统是任何应用软件必要的组成部分。Matlab提供了相当丰富的帮助信息，同时也提供了获得帮助的方法。首先，可以通过桌面平台的【Help】菜单来获得帮助，也可以通过工具栏的帮助选项获得帮助。此外，Matlab 也提供了在命令窗口中获得帮助的多种方法，在命令窗口中获得Matlab 帮助的命令及说明列于表1.2中。其调用格式为：命令+指定参数。

表 1.2 调用格式

命令	说明
doc	在帮助浏览器中显示指定函数的参考信息
help	在命令窗口中显示M文件帮助
helpbrowser	打开帮助浏览器，无参数
helpwin	打开帮助浏览器，并且见初始界面置于Matlab函数的M文件帮助信息
lookfor	在命令窗口中显示具有指定参数特征函数的M文件帮助
web	显示指定的网络页面，默认为Matlab帮助浏览器

2 线性方程组的直接解法

本章考虑线性方程组$Ax = b$求解的直接方法，这里A 是一个$m \times n$ 的实（复）数矩阵，x是一个$n \times 1$的实（复）数向量，b 是一个$m \times 1$的实（复）数向量。一般来讲，我们对于线性方程组求解问题要做如下讨论：

(1) $m = n$，A是一个方阵。若$rank(A) = n$，则A 是一个非奇异矩阵，若$rank(A) < n$，则A是一个奇异矩阵。

(2) $m < n$，方程组解不唯一，我们感兴趣的是在解集合里寻找最小范数解。

(3) $m > n$，方程组可能不相容（无解），这里我们感兴趣的是最小二乘解，在后面将会专门讨论列满秩的情形。

在这里，我们将着重于A为非奇异方阵时的直接求解方法。

§2.1 概念回顾

2.1.1 三角形方程组和三角分解

由下面定理：

定理 2.1.1 若$A \in \mathcal{R}^{n\times n}$的顺序主子阵$A_k \in \mathcal{R}^{k\times k}$ （$k = 1, 2, \cdots, n-1$）均非奇异，则存在唯一的单位下三角矩阵$L \in \mathcal{R}^{n\times n}$和上三角矩阵$U \in \mathcal{R}^{n\times n}$,使得$A = LU$。

可以知道，求解线性方程组$Ax = b$等价于求解下列两个三角形方程组：

$$Ly = b \tag{2.1}$$

$$Ux = y \tag{2.2}$$

具体算法为:

算法 2.1.1 Gauss消去法:

```
for k=1:n-1
    A(k+1:n,k)=A(k+1:n,k)/A(k,k)
    A(k+1:n,k+1:n)=A(k+1:n,k+1:n)-A(k+1:n,k)A(k,k+1:n)
end
```

为了简便起见，我们以一个三阶的线性方程组为例来说明Gauss消去法，具体理论可参见教材。考虑如下线性方程组

$$a_{11}x_1+a_{12}x_2+a_{13}x_3 = b_1 \tag{2.3}$$
$$a_{21}x_1+a_{22}x_2+a_{23}x_3 = b_2 \tag{2.4}$$
$$a_{31}x_1+a_{32}x_2+a_{33}x_3 = b_3 \tag{2.5}$$

首先，我们先用(2.4)式和(2.5式)减去(2.3)式$\times a_{m1}/a_{11}$消去它们中的x_1 项。

$$a_{11}^{(0)}x_1+a_{12}^{(0)}x_2+a_{13}^{(0)}x_3 = b_1^{(0)} \tag{2.6}$$
$$a_{22}^{(1)}x_2+a_{23}^{(1)}x_3 = b_2^{(1)} \tag{2.7}$$
$$a_{32}^{(1)}x_2+a_{33}^{(1)}x_3 = b_3^{(1)} \tag{2.8}$$

其次，用(2.8)式减去(2.7)式乘以$a_{32}^{(1)}/a_{22}$，消去x_2 项:

$$a_{11}^{(0)}x_1+a_{12}^{(0)}x_2+a_{13}^{(0)}x_3 = b_1^{(0)} \tag{2.9}$$
$$a_{22}^{(1)}x_2+a_{23}^{(1)}x_3 = b_2^{(1)} \tag{2.10}$$
$$a_{33}^{(2)}x_3 = b_3^{(2)} \tag{2.11}$$

这样，我们就得到了上角矩阵

$$U=\begin{pmatrix} a_{11}^{(0)} & a_{12}^{(0)} & a_{13}^{(0)} \\ 0 & a_{22}^{(1)} & a_{23}^{(1)} \\ 0 & 0 & a_{33}^{(2)} \end{pmatrix}$$

而单位下三角矩阵是两次高斯变换乘积的逆：

$$L=\begin{pmatrix}1&0&0\\-\frac{a_{21}}{a_{11}}&1&0\\-\frac{a_{31}}{a_{11}}&0&1\end{pmatrix}^{-1}\begin{pmatrix}1&0&0\\0&1&0\\0&-\frac{a_{32}^{(1)}}{a_{22}^{(1)}}&1\end{pmatrix}^{-1}=\begin{pmatrix}1&0&0\\\frac{a_{21}}{a_{11}}&1&0\\\frac{a_{31}}{a_{11}}&\frac{a_{32}^{(1)}}{a_{22}^{(1)}}&1\end{pmatrix}$$

而三角形方程组的求解可以使用追赶法，其算法如下：

算法 2.1.2 解下三角形方程组，前代法：

```
for j=1:n-1
    b(j)=b(j)/L(j,j)
    b(j+1:n)=b(j+1:n)-b(j)L(j+1:n,j)
end
b(n)=b(n)/L(n,n)
```

算法 2.1.3 解上三角形方程组，回代法：

```
for j=n:-1:2
    y(j)=y(j)/U(j,j)
    y(1:j-1)=y(1:j-1)-y(j)U(1:j-1,j)
end
y(1)=y(1)/U(1,1)
```

在Gauss消去法中，如果出现主元的绝对值相对于一列中其他位置的元素的绝对值小很多的时候，在消元过程中会导致主元下面行的元素乘以一个绝对值很大的数，从而放大的误差，导致计算不到精确解，甚至因为在某一步出现主元为零，而导致Gauss消去法中断,具体可以参见[5]。这样，就需要选主元的方法来克服这些困难。

2.1.2 选主元三角分解

我们用一个做了两次Gauss变换的六阶矩阵为例说明选主元方法。

$$A=\begin{pmatrix} x & x & x & x & x & x \\ 0 & x & x & x & x & x \\ 0 & 0 & a_{33} & x & x & x \\ 0 & 0 & a_{43} & x & x & x \\ 0 & 0 & a_{53} & x & x & x \\ 0 & 0 & a_{63} & x & x & x \end{pmatrix},$$

注意:因为已经做过两次Gauss消去法，这里的a_{ij}不是原始的a_{ij}。如果$|a_{33}|$是$|a_{i3}|$，$i=3,4,5,6$中最大的，那当然很好，因为我们可以保证$\left|\frac{a_{i3}}{a_{33}}\right|<1$，$i=3,4,5,6$。否则，就会带来前面所说的不稳定问题（更进一步，如果这里的$a_{33}=0$，Gauss消去法就会中断）。因此，我们在做第三步Gauss消去法以前，必须先确定$a_{p3}=\max_{3\leqslant i\leqslant 6}a_{i3}$，交换第三行和第$p$行，然后才能进行Gauss消去法。那么，对于任意的n阶矩阵，在进行第$k-1$次Gauss消去法以前，也必须先选主元a_{pk}，做第k行和第p行的交换。假设交换第k行和第p行的初等变换矩阵为P_k，则整个过程可以表示如下:

$$L_{k-1}P_{k-1}\cdots L_1P_1=A^{(k-1)}$$

这个过程进行到底，就得到列主元的Gauss消去法

$$PA=LU,$$

这里的$U=A^{(n-1)}$，$P=P_{n-1}\cdots P_1$，$L=P(L_{n-1}P_{n-1}\cdots L_1P_1)^{-1}$。具体算法如下:

算法 2.1.4 列主元的Gauss消去法:

for k=1:n-1

  确定$p(k\leqslant p\leqslant n)$使得:

    $|A(p,k)|=max\{|A(i,k)|:i=k:n\}$

    $A(k,1:n)\leftrightarrow A(p,1:n)$（交换$k$行和$p$行）

$u(k) = p$（记录置换矩阵P_k）

if $A(k,k) \neq 0$

$A(k+1:n,k) = A(k+1:n,k)/A(k,k)$

$A(k+1:n,k+1:n) = A(k+1:n,k+1:n) - A(k+1:n,k)$
$A(k,k+1:n)$

else

stop

end

end

用列主元Gauss消去法求解非奇异线性方程组$Ax = b$，等价于求解$PAx = Pb$。因此只需要以下两个三角形方程组：

$$Ly = Pb \tag{2.12}$$

$$Ux = y \tag{2.13}$$

注意：课本上是先讲全主元的Gauss消去法，但由于列主元的Gauss 消去法比全主元的Gauss消去法工作量小很多，因此，在实际计算时，大多使用列主元方法。

2.1.3 平方根法

当A为对称正定矩阵时，Gauss消去法不需要选主元也可以保持数值稳定性和不中断，同时，由于A的对称性，A的Gauss消去法具有特殊形式：

定理 2.1.2 若$A \in R^{n\times n}$为对称正定矩阵，则存在一个对角元均为正数的下三角矩阵$L \in R^{n\times n}$，使得

$$A = LL^T,$$

上式也称为Cholesky分解，其具体算法为：

算法 2.1.5 Cholesky分解：

for k=1:n

$A(k,k) = \sqrt{A(k,k)}$

$A(k+1:n,k) = A(k+1:n,k)/A(k,k)$

```
        for j=k+1:n
```

$$A(j:n,j)=A(j:n,j)-A(j:n,k)A(j,k)$$

```
        end
    end
```

因为Cholesky算法每一步计算对角元时，需要开根号。为了避免这个问题，可用以下的改进平方根算法：

$$A=LDL^T.$$

具体算法为：

算法 2.1.6 改进平方根算法：

```
for j=1:n
    for i=1:j-1
        v(i)=A(j,i)A(i,i)
    end
    A(j,j)=A(j,j)-A(j,1:j-1)v(1:j-1)
    A(j+1:n,j)=(A(j+1:n,j)-A(j+1:n,1:j-1)v(1:j-1))/A(j,j)
end
```

§2.2 算例分析

2.2.1 Gauss消去法的稳定性

考虑矩阵

$$A=\begin{pmatrix}0 & 1\\ 1 & 1\end{pmatrix},$$

显然，这个矩阵不做消元，Gauss消去法会中断。现把这个矩阵稍作改变，求解下面的线性方程组

$$Ax=\begin{pmatrix}\delta & 1\\ 1 & 1\end{pmatrix}\begin{pmatrix}x_1\\ x_2\end{pmatrix}=\begin{pmatrix}1\\ 2\end{pmatrix},$$

容易计算得

$$A = \begin{pmatrix} \delta & 1 \\ 1 & 1 \end{pmatrix} = \begin{pmatrix} 1 & 0 \\ \frac{1}{\delta} & 1 \end{pmatrix} \begin{pmatrix} \delta & 1 \\ 0 & 1-\frac{1}{\delta} \end{pmatrix} = LU$$

而原方程为

$$Ax = \begin{pmatrix} \delta & 1 \\ 1 & 1 \end{pmatrix} \begin{pmatrix} x_1 \\ x_2 \end{pmatrix} = \begin{pmatrix} 1+\delta \\ 2 \end{pmatrix} = \begin{pmatrix} 1 \\ 2 \end{pmatrix}$$

下面的程序分别通过求解Ly=b和Ux=y来解这个方程组：

程序 2.2.1 源代码：

```
%Script File: Nopivot
%Example solution to [δ 1;1 1][x1;x2]=[1+δ;2]
%for a sequence of diminshing delta values.
clc
disp('Delta x(1) x(2)')
disp('——————————————')
for delta=logspace(-2,-18,9)
A=[delta 1; 1 1];
b=[1+delta;2];
L=[1 0;A(2,1)/A(1,1) 1];
U=[A(1,1) A(1,2);0 A(2,2)-L(2,1)*A(1,2)];
y(1)=b(1);
y(2)=b(2)-L(2,1)*y(1);
x(2)=y(2)/U(2,2);
x(1)=(y(1)-U(1,2)*x(2))/U(1,1);
disp(sprintf('%5.0e %20.15f %20.15f',delta,x(1),x(2)))
end
```

如果执行这段程序，我们可以得到如图2.1所示的结果。

当然我们可以用选主元方法很好地克服这个问题。

2.2.2 方程组算例

[例] **2.2.1** 用Gauss消去法求解下面的线性方程组

$$\begin{pmatrix} -0.04 & 0.04 & 0.12 \\ 0.56 & -1.56 & 0.32 \\ -0.24 & 1.24 & -0.28 \end{pmatrix} \begin{pmatrix} x_1 \\ x_2 \\ x_3 \end{pmatrix} = \begin{pmatrix} 3 \\ 1 \\ 0 \end{pmatrix}$$

解 Gauss消去法的程序如下：

```
a=[-0.04 0.04 0.12 3;0.56 -1.56 0.32 1;-0.24 1.24 -0.28 0];
x=[0,0,0]';
temp=a(2,:);a(2,:)=a(1,:);a(1,:)=temp; a
a(2,:)=a(2,:)-a(1,:)*a(2,1)/a(1,1);
a(3,:)=a(3,:)-a(1,:)*a(3,1)/a(,1,1);a
temp=a(3,:);a(3,:)=a(2,:);a(2,:)=temp;a
a(3,:)=a(3,:)-a(2,:)*a(3,2)/a(2,2);a
x(3)=a(3,4)/a(3,3);
x(2)=(a(2,4)-a(2,3)*x(3))/a(2,2);
x(1)=(a(1,4)-a(1,2:3)*x(2:3))/a(1,1);x
```

运行结果如下：

$$x = \begin{pmatrix} 7.0000 \\ 7.0000 \\ 25.0000 \end{pmatrix}$$

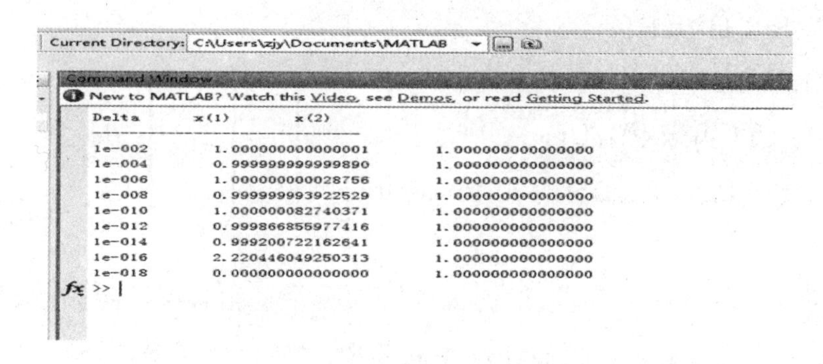

Delta	x(1)	x(2)
1e-002	1.000000000000001	1.000000000000000
1e-004	0.999999999999890	1.000000000000000
1e-006	1.000000000028756	1.000000000000000
1e-008	0.999999993922529	1.000000000000000
1e-010	1.000000082740371	1.000000000000000
1e-012	0.999866855977416	1.000000000000000
1e-014	0.999200722162641	1.000000000000000
1e-016	2.220446049250313	1.000000000000000
1e-018	0.000000000000000	1.000000000000000

图 2.1

[例] 2.2.2 首先，我们以下面的4阶三对角线性方程组为例说明如何构造算法：

$$\begin{pmatrix} d_1 & f_1 & 0 & 0 \\ e_2 & d_2 & f_2 & 0 \\ 0 & e_3 & d_3 & f_3 \\ 0 & 0 & e_4 & d_4 \end{pmatrix} \begin{pmatrix} x_1 \\ x_2 \\ x_3 \\ x_4 \end{pmatrix} = \begin{pmatrix} b_1 \\ b_2 \\ b_3 \\ b_4 \end{pmatrix}$$

根据矩阵的乘法，三对角矩阵的LU分解具有如下形式：

$$\begin{pmatrix} d_1 & f_1 & 0 & 0 \\ e_2 & d_2 & f_2 & 0 \\ 0 & e_3 & d_3 & f_3 \\ 0 & 0 & e_4 & d_4 \end{pmatrix} = \begin{pmatrix} 1 & 0 & 0 & 0 \\ l_2 & 1 & 0 & 0 \\ 0 & l_3 & 1 & 0 \\ 0 & 0 & l_4 & 1 \end{pmatrix} \begin{pmatrix} u_1 & f_1 & 0 & 0 \\ 0 & u_2 & f_2 & 0 \\ 0 & 0 & u_3 & f_3 \\ 0 & 0 & 0 & u_4 \end{pmatrix}$$

经过对比，我们可以发现

$$\begin{aligned}
&(1,1): d_1 = u_1 \Rightarrow u_1 = d_1 \\
&(2,1): e_2 = l_2 u_1 \Rightarrow l_2 = e_2/U_1 \\
&(2,2): d_2 = l_2 f_1 + u_2 \Rightarrow u_2 = d_2 - l_2 f_1 \\
&(3,2): e_3 = l_3 u_2 \Rightarrow l_3 = e_3/u_2 \\
&(3,3): d_3 = l_3 f_2 + u_3 \Rightarrow u_3 = d_3 - l_3 f_2 \\
&(4,3): e_4 = l_4 u_3 \Rightarrow l_4 = e_4/u_3 \\
&(4,4): d_4 = l_4 f_3 + u_4 \Rightarrow u_4 = d_4 - l_4 f_3
\end{aligned}$$

因此，我们可以发现对于一般n阶矩阵的情况，我们有

$$\begin{aligned}
&for\ \ i = 2:n \\
&(i,i-1): \quad e_i = l_i u_{i-1} \Rightarrow l_i = e_i/u_{i-1} \\
&(i,i): \quad d_i = l_i f_{i-1} + u_i \Rightarrow u_i = d_i - l_i f_{i-1}
\end{aligned}$$

由此，我们可以得到如下的源程序：

程序 2.2.2 三对角矩阵的Gauss消去法：

```
function[l,u]=TriDiLU(d,e,f)
```

```
%[l,u]=TriDiLU(d,e,f)
%Tridiagonal LU without pivoting. d,e,f are n-vectors and assume
% A = diag(e(2:n),-1) + diag(d) + diag(f(1:n-1),1) has an LU fctoraza-
tion.
%l and u are n-vectors with the property that if L = eye + diag(l(2:n),-1)
and
% U = diag(u) + diag(f(1:n-1),1),
% then A = LU.
n=length(d); l=zeros(n,1); u=zeros(n,1);
u(1)=d(1);
for i=2:n
    l(i)=e(i)/u(i-1);
    u(i)=d(i)-l(i)*f(i-1);
end
```

只要$u_1, u_2 \cdots, u_n$非零，这种算法只需要$3n$ 次运算量完成分解。

对于前面这个4阶的三对角线性方程组，只需要求解

$$Ly = \begin{pmatrix} 1 & 0 & 0 & 0 \\ l_2 & 1 & 0 & 0 \\ 0 & l_3 & 1 & 0 \\ 0 & 0 & l_4 & 1 \end{pmatrix} \begin{pmatrix} y_1 \\ y_2 \\ y_3 \\ y_4 \end{pmatrix} = \begin{pmatrix} b_1 \\ b_2 \\ b_3 \\ b_4 \end{pmatrix}$$

及

$$Ux = \begin{pmatrix} u_1 & f_1 & 0 & 0 \\ 0 & u_2 & f_2 & 0 \\ 0 & 0 & u_3 & f_3 \\ 0 & 0 & 0 & u_4 \end{pmatrix} \begin{pmatrix} x_1 \\ x_2 \\ x_3 \\ x_4 \end{pmatrix} = \begin{pmatrix} y_1 \\ y_2 \\ y_3 \\ y_4 \end{pmatrix}$$

由于上面两个都是双对角矩阵，因此求解是非常简单的（尤其L 是单位两对角的），例如求解4阶的$Ly = b$：

$$
\begin{aligned}
1 * y_1 = b_1 &\quad\Rightarrow\quad y_1 = b_1 \\
l_2 y_1 + y_2 = b_2 &\quad\Rightarrow\quad y_2 = b_2 - l_2 y_1 \\
l_3 y_2 + y_3 = b_3 &\quad\Rightarrow\quad y_3 = b_3 - l_3 y_2 \\
l_4 y_3 + y_4 = b_4 &\quad\Rightarrow\quad y_4 = b_4 - l_4 y_3
\end{aligned}
$$

由此，我们可以得到求解单位下两对角线性方程组的程序：

程序 2.2.3 求解下两对角线性方程组：

```
function x=LBiDiSol(l,b)
% x=LGiDiSol(l,b)
% Solves the n-by-n unit lower bidiagonal system Lx = b
% where l and b are n-by-1 and L=I+diag(1(2:n),-1).
n=length(b);x=zeros(n,1);
x(1)=b(1);
for i=2:n
        x(i)=b(i)-l(i)*x(i-1);
end
```

这个算法的运算量为$2n$。类似的，我们还可以得到求解上两对角线性方程组的程序：

程序 2.2.4 求解上两对角线性方程组：

```
function x=UBiDiSol(u,f,b)
% x=UBiDiSol(u,f,b)
% Solves the n-by-n nonsingular upper bidiagonal system Ux = b
% where u,f,and b are n-by-1 and U=diag(u)+diag(f(1:n-1),1).
n=length(b);x=zeros(n,1);
x(n)=b(n)/u(n);
for i=n-1:-1:1
```

```
    x(i)=(b(i)-f(i)*x(i+1))/u(i);
end
```

综上所述，我们得到求解三对角线性方程组的主程序为:

程序 2.2.5 求解三对角线性方程组:

```
[l,u]=TriDiLU(d,e,f);
y=LBiDiSol(l,b);
x=UBiDiSol(u,f,y);
```

本章习题

1. 用选主元和不选主元Gauss消去法的通用程序求解下列三对角线性方程组

$$\begin{pmatrix} 6 & 1 & & & & & \\ 8 & 6 & 1 & & & & \\ & 8 & 6 & 1 & & & \\ & & \ddots & \ddots & \ddots & & \\ & & & 8 & 6 & 1 & \\ & & & & 8 & 6 & 1 \\ & & & & & 8 & 6 \end{pmatrix} \begin{pmatrix} x_1 \\ x_2 \\ x_3 \\ \vdots \\ x_{82} \\ x_{83} \\ x_{84} \end{pmatrix} = \begin{pmatrix} 7 \\ 15 \\ 15 \\ \vdots \\ 15 \\ 15 \\ 14 \end{pmatrix},$$

最后，将计算结果与方程组的精确解进行比较，并就此谈谈对Gauss 消去法的看法。

2. 上Hessenberg矩阵形状如下:

$$\begin{pmatrix} \times & \times & \times & \times & \times & \times \\ \times & \times & \times & \times & \times & \times \\ 0 & \times & \times & \times & \times & \times \\ 0 & 0 & \times & \times & \times & \times \\ 0 & 0 & 0 & \times & \times & \times \\ 0 & 0 & 0 & 0 & \times & \times \end{pmatrix},$$

请设计算法用Gauss消去法求解上Hessenber线性方程组，并编写程序求解由下面三步生成的例子：

- 在Matlab中分别生成$n = 100, 120, 140, 160, 180, 200$阶的随机矩阵。
- 用H=hess(A)得到相应的上hessenberg矩阵。
- 用e=ones(n,1)，b=H*e构造方程组$Hx = b$的右端项。最后求解$Hx = b$。

3. 矩阵的UL分解如下例：

$$\begin{pmatrix} a_{11} & a_{12} & a_{13} \\ a_{21} & a_{22} & a_{23} \\ a_{31} & a_{32} & a_{33} \end{pmatrix} = \begin{pmatrix} 1 & u_{12} & u_{13} \\ 0 & 1 & u_{23} \\ 0 & 0 & 1 \end{pmatrix} \begin{pmatrix} l_{11} & 0 & 0 \\ l_{21} & l_{22} & 0 \\ 0 & l_{32} & l_{33} \end{pmatrix}$$

请设计算法实现矩阵这一分解，并编写程序计算第1题中的线性方程组。

4. 请设计正定三对角线性方程组求解的算法，并编写程序求解[5] p.39. 的第二大题第一小题。

3 线性方程组的敏度分析与消去法的舍入误差分析

在本章，我将讨论如何判断数值解是否可靠的问题。

§3.1 概念回顾

3.1.1 向量范数

定义 3.1.1 一个从$\mathcal{R}^n$到$\mathcal{R}$的非负函数$\|\cdot\|$ 叫作$\mathcal{R}^n$上的向量范数，如果它满足：

1. 正定性：对所有的$x \in \mathcal{R}^n$ 有$\|x\| \geqslant 0$，而且$\|x\| = 0$当且仅当$x = 0$;
2. 齐次性：对所有的$x \in \mathcal{R}^n$ 和$\alpha \in \mathcal{R}$有$\|\alpha x\| = |\alpha|\|x\|$;
3. 三角不等式：对所有的$x, y \in \mathcal{R}^n$ 有$\|x + y\| \leqslant \|x\| + \|y\|$。

常用的向量范数有：

1. 1-范数：$\|x\|_1 = \sum_{i=1}^n |x_i|$;
2. 2-范数：$\|x\|_2 = (\sum_{i=1}^n x_i^2)^{\frac{1}{2}}$;
3. 无穷范数：$\|x\|_\infty = \max\{|x_i| : i = 1, 2, \cdots, n\}$。

虽然范数有很多种，但不同范数之间是等价的；同时，由范数的性质，我们可以用范数来定义向量序列的收敛：

定理 3.1.1 设$x^{(k)}=\begin{pmatrix} x_1^{(k)} \\ \vdots \\ x_n^{(k)} \end{pmatrix}$和$x=\begin{pmatrix} x_1 \\ \vdots \\ x_n \end{pmatrix}\in\mathcal{R}^n$，则$\lim_{k\to\infty}\|x_k-x\|=0$的充要条件是$\lim_{k\to\infty}|x_i^{(k)}-x_i|=0$，$i=1,\cdots,n$，即向量序列的范数收敛等价于分量收敛。

3.1.2 矩阵范数

定义 3.1.2 一个从$\mathcal{R}^{n\times n}$到$\mathcal{R}$的非负函数$\|\cdot\|$叫作$\mathcal{R}^{n\times n}$ 上的矩阵范数，如果它满足：

1. 正定性：对所有的$A\in\mathcal{R}^{n\times n}$有$\|A\|\geqslant 0$，而且$\|A\|=0$当且仅当$A=0$;
2. 齐次性：对所有的$A\in\mathcal{R}^{n\times n}$和$\alpha\in\mathcal{R}$有$\|\alpha A\|=|\alpha|\|A\|$;
3. 三角不等式：对所有的$A,B\in\mathcal{R}^{n\times n}$有$\|A+B\|\leqslant\|A\|+\|B\|$;
4. 相容性：对所有的$A,B\in\mathcal{R}^{n\times n}$ 有$\|AB\|\leqslant\|A\|\|B\|$。

常用的矩阵范数有：

1. 1-范数：$\|A\|_1=\max_{1\leqslant j\leqslant n}\sum_{i=1}^n|a_{ij}|$;
2. 2-范数：$\|A\|_2=\sqrt{\lambda_{max}(A^TA)}$;
3. 无穷范数：$\|A\|_\infty=\max_{1\leq i\leq n}\sum_{j=1}^n|a_{ij}|$。

同样，不同的矩阵范数之间也是等价的。此外，还有另一个常用的矩阵范数：$\|A\|_F=\left(\sum_{i,j=1}^n|a_{ij}|^2\right)^{\frac{1}{2}}$。

下面介绍一个与矩阵范数密切相关的概念，谱半径：

定义 3.1.3 设$A\in\mathcal{C}^{n\times n}$，则称

$$\rho(A)=max\{|\lambda|:\lambda\in\lambda(A)\}$$

为A的谱半径，这里$\lambda(A)$表示A的特征值全体。

矩阵的谱半径与矩阵的范数有如下关系：

定理 3.1.2 设$A\in\mathcal{C}^{n\times n}$，则有

1. 对$\mathcal{C}^{n\times n}$上的任意矩阵范数$\|\cdot\|$，有

$$\rho(A)\leqslant\|A\|;$$

2. 对任给的$\varepsilon>0$，存在$\mathcal{C}^{n\times n}$上的矩阵范数$\|\cdot\|$，使得

$$\|A\|\leq\rho(A)+\varepsilon.$$

因此我们有

定理 3.1.3 设$A\in\mathcal{C}^{n\times n}$，则

$$\lim_{k\to\infty}A^k=0\Leftrightarrow\rho(A)<1$$

因此，我们在某些情况下，可以使用谱半径来判断收敛。

3.1.3 线性方程组的敏度分析

当线性方程组的系数矩阵A和右端项b发生微小扰动时，我们希望数值解的变化也是微小的，否则，数值解是不可靠的。下面给出判断解的稳定性的方法：

定理 3.1.4 设$\|\cdot\|$是$\mathcal{R}^{n\times n}$上一个满足条件$\|I\|=1$的矩阵范数，并假定$A\in\mathcal{R}^{n\times n}$非奇异，$b\in\mathcal{R}^n$非零。再假定$\delta A\in\mathcal{R}^{n\times n}$满足$\|A^{-1}\|\|\delta A\|<1$。若$x$和$x+\delta x$分别是线性方程组

$$Ax=b\qquad 和\qquad (A+\delta A)(x+\delta x)=b+\delta b$$

的解，则

$$\frac{\|\delta x\|}{\|x\|}\leqslant\frac{\kappa(A)}{1-\kappa(A)\frac{\|\delta A\|}{\|A\|}}\left(\frac{\|\delta A\|}{\|A\|}+\frac{\|\delta b\|}{\|b\|}\right),$$

其中，$\kappa(A)=\|A^{-1}\|\|A\|$是矩阵$A$的条件数。

当$\frac{\|\delta A\|}{\|A\|}$较小时，有

$$\frac{\kappa(A)}{1-\kappa(A)\frac{\|\delta A\|}{\|A\|}}\approx\kappa(A),$$

从而，有

$$\frac{\|\delta x\|}{\|x\|}\leqslant\kappa(A)\left(\frac{\|\delta A\|}{\|A\|}+\frac{\|\delta b\|}{\|b\|}\right).$$

因此，决定解是否稳定的关键因素，就是条件数。

3.1.4 计算解的精度估计和迭代改进

精度估计

假设用某种计算方法得到$Ax = b$的计算解为$\hat{x}$，则解的残向量为$r = b - A\hat{x} = A(x - \hat{x})$。我们可以得到计算解和精确解相对误差的上界估计为

$$\frac{\|x - \hat{x}\|}{\|x\|} \leqslant \|A^{-1}\|\|A\|\frac{\|r\|}{\|b\|}.$$

特别在上式中取∞范数有

$$\frac{\|x - \hat{x}\|_\infty}{\|x\|_\infty} \leqslant \|A^{-1}\|_\infty\|A\|_\infty\frac{\|r\|_\infty}{\|b\|_\infty}.$$

在上面这个计算解相对误差上界的估计式中，只有$\|A^{-1}\|_\infty$难以计算，但我们可以通过估计$\|A^{-T}\|_1$的值来做到。下面是估计一个矩阵1-范数的“盲人爬山”算法：

算法 3.1.1 估计矩阵的1范数：

k=1

while k=1

  $w = Bx$；$v = sign(w)$；$z = B^T v$

  if $\|z\|_\infty \leqslant z^T x$

    $v = \|w\|_1$

    $k = 0$

  else

    $x = e_j$其中$|z_j| = \|z\|_\infty$

    $k = 1$

  end

end

在用上面算法计算$\|A^{-1}\|_\infty$时，只需要注意以下几点：

1. 只需要在上算法中令$B = A^{-T}$可以得到$\tilde{v} \approx \|A^{-1}\|_\infty$。在计算$w = A^{-T}x$和$z = A^{-1}v$时，可以通过LU算法解方程组实现；

2. 分别计算出$\|r\|_\infty$，$\|b\|_\infty$和$\|A\|_\infty$得到它们的近似值$\tilde{\gamma}$，$\tilde{\beta}$和$\tilde{\mu}$；

3. 计算$\tilde{\rho} = \frac{\tilde{\nu}\tilde{\mu}\tilde{\gamma}}{\tilde{\beta}}$ 作为计算解相对误差的一个近似值。

迭代改进

在某些情况下，为了提高计算速度，或者提高计算精度，可以用直接法计算出来的解作为初值，把Newton或者其他的t迭代法应用于$f(x) = b - Ax$。下面列出Newton 迭代相关的迭代精化算法：

算法 3.1.2 迭代精化算法：

1. 计算$r = b - A\hat{x}$（用双精度和原始矩阵A）；
2. 求解$Az = r$（利用A的三角分解）；
3. 计算$x = \hat{x} + z$;
4. 若$\frac{\|x-\hat{x}\|_\infty}{\|x\|_\infty} \leqslant \varepsilon$，则结束；否则，令$\hat{x} = x$，转到1。

§3.2 算例

[例] **3.2.1** 残向量与误差：

考虑下面的线性方程组

$$\begin{pmatrix} 0.78 & 0.563 \\ 0.913 & 0.659 \end{pmatrix} \begin{pmatrix} x_1 \\ x_2 \end{pmatrix} = \begin{pmatrix} 0.217 \\ 0.254 \end{pmatrix}.$$

假设我用两种方法求解得到如下两个解：

$$x^{(1)} = \begin{pmatrix} 0.341 \\ -0.087 \end{pmatrix} \qquad x^{(2)} = \begin{pmatrix} 0.999 \\ -1 \end{pmatrix}.$$

这两个解对应的残向量分别为：

$$b - Ax^{(1)} = \begin{pmatrix} 0.000001 \\ 0 \end{pmatrix} \qquad b - Ax^{(2)} = \begin{pmatrix} 0.00078 \\ 0.000913 \end{pmatrix}.$$

根据这两个解的残向量，$X^{(1)}$似乎是精度更高的解。事实上这个方程组的精确解是

$$x^{(exact)} = \begin{pmatrix} 1 \\ -1 \end{pmatrix},$$

我们发现，虽然$x^{(1)}$的残向量更小，但$x^{(2)}$ 是更加精确的解。

本章习题

1.请编写通用程序求解5到20阶Hilbert矩阵的∞范数条件数。

2.请随机生成一个5000阶的矩阵，用前面的算法估计其∞ 条件数，并在单精度情况下使用Matlab的Lu 命令求解线性方程组，然后在双精度情况下，使用迭代改进方法提高解的精度解。

4　最小二乘问题的解法

在本章，我们考虑线性最小二乘问题在系数矩阵列满秩的情况下的数值求解。

§4.1　概念回顾

4.1.1　最小二乘问题

对于线性方程组

$$Ax = b, \tag{4.1}$$

我们知道，当且仅当$rank(A) = rank([A, b])$时，解存在。当矩阵A 奇异的时候，方程组解的全部集合为：$\{x|x = \tilde{x}+\mathcal{N}(A)\}$，这里的$\tilde{x}$是方程组(4.1)的一个特解，$\mathcal{N}(A)$ 表示A的零空间，因此方程组(4.1)解唯一的充要条件是$N(A) = \{0\}$。

对于最小二乘问题$\min \|r\|_2 = \min_{x\in\mathcal{R}^n} \|b-Ax\|_2$，$A \in \mathcal{R}^{m\times n}$，$m \leqslant n$，$b \in \mathcal{R}^m$，$x \in \mathcal{R}^n$，我们令$b = b_1 + b_2$，$b_1 \in \mathcal{R}(A)$，$b_2 \in \mathcal{R}(A)^\perp$，则

$$\|b - Ax\|_2^2 = \|b_1 + b_2 - Ax\|_2^2 = \|b_1 - Ax\|_2^2 + \|b_2\|_2^2.$$

显然，当x满足$Ax = b_1$的时候，为最小二乘问题的解，此时$\|r\|_2 = \|b_2\|_2$。显然当$\mathcal{N}(A) = \{0\}$ 时，最小二乘问题的解唯一。

记最小二乘问题的解集$\mathcal{X}_{LS}$，即

$$\mathcal{X}_{LS} = \{x \in \mathcal{R}^n : x\text{是}LS\text{问题的解}\},$$

显然这个集合是非空的，而且其中只有一个元素的充要条件是A 列线性无关。此外，解集中有且仅有一个解其2范数最小，解为x_{LS}。

对于$\forall x, y \in \mathcal{R}^n$，我们有

$$\|b - A(x+y)\|_2^2 = \|b - Ax\|_2^2 - 2y^T A^T(b - Ax) + \|Ay\|_2^2.$$

当且仅当$A^T(b - Ax) = 0$，即

$$A^T Ax = A^T b \tag{4.2}$$

时，$x \in \mathcal{X}_{LS}$。我们称方程(4.2)为法方程。因为法方程的系数矩阵正定对称，可以使用Cholesky 分解来求解，但由于形成法方程系数矩阵的时候需要做矩阵的乘法，会导致计算工作量大及精度丢失，参见[5]p.81.的注3.1.1。

因为$A^\dagger = (A^TA)^{-1}A^T$为$A$的Moore-Penrose 广义逆，则$x = (A^TA)^{-1}A^Tb$ $= A^\dagger b$为法方程的解。当b 发生扰动为$\tilde{b} = b + \delta b$ 时，我们有下面的结果。

定理 4.1.1 设b_1和$\tilde{b}_1$分别是b和$\tilde{b}$ 在$\mathcal{R}(A)$上的正交投影。若$b_1 \neq 0$，则

$$\frac{\|\delta x\|_2}{\|x\|_2} \leqslant \kappa_2(A)\frac{\|b_1 - \tilde{b}\|_2}{\|b_1\|_2},$$

其中，$\kappa_2(A) = \|A\|_2\|A^\dagger\|_2$是条件数。

4.1.2 正交变换

Householder变换

定义 4.1.1 设$w \in \mathcal{R}^n$满足$\|w\|_2 = 1$，定义$H \in \mathcal{R}^{n\times n}$为

$$H = I - 2ww^T, \tag{4.3}$$

则称H为Householder变换。

Householder变换具有如下性质：

1. 对称性：$H^T = H$;
2. 正交性：$H^T H = I$;
3. 对合性：$H^2 = I$;
4. 反射性：对任意的$x \in \mathcal{R}^n$，Hx是x 关于w 的垂直超平面的镜面反射。

因此我们有如下定理：

定理 4.1.2 设$0 \neq x \in \mathcal{R}^n$，则可构造单位向量$w \in \mathcal{R}^n$，使由(4.3)定义的Householder 变换H满足：

$$Hx = \alpha e_1,$$

其中，$\alpha = \pm\|x\|_2$。

考虑到舍入误差的原因，Householder变换的具体算法如下：

算法 4.1.1 Householder变换

function: $[v, \beta] = house(x)$

$n = length(x)$ （向量x的长度）

$\eta = \|x\|_\infty;\quad x = x/\eta$

$\sigma = x(2:n)^T x(2:n)$

$v(1) = 1;\ v(2:n) = x(2:n)$

if $\sigma = 0$

$\beta = 0$

else

$\alpha = \sqrt{x(1)^2 + \sigma}$

if $x(1) \leqslant 0$

$v(1) = x(1) - \alpha$

else

$v(1) = -\sigma/(x(1) + \alpha)$

end

$\beta = 2v(1)^2/(\sigma + v(1)^2);\ v = v/v(1)$

end

Householder变换可以把一个向量中若干相邻分量化为零，这种算法具有数值性态稳定的优势，运算量4mn。

Givens变换

Givens变换可以把一个向量中不相邻的两个元素变成零。首先，Givens 变换具有如下形式

$$G(i,k,\theta)=\begin{pmatrix} 1 & & \vdots & & \vdots & & \\ & \ddots & \vdots & & \vdots & & \\ \cdots & \cdots & c & \cdots & s & \cdots & \cdots \\ & & \vdots & & \vdots & & \\ \cdots & \cdots & -s & \cdots & c & \cdots & \cdots \\ & & \vdots & & \vdots & \ddots & \\ & & \vdots & & \vdots & & 1 \end{pmatrix},$$

其中，$c=cos\theta$，$s=sin\theta$。容易证明$G(i,k,\theta)$ 是一个正交矩阵。

下面给出用Givens变换实现

$$\begin{pmatrix} c & s \\ -s & c \end{pmatrix}\begin{pmatrix} a \\ b \end{pmatrix}=\begin{pmatrix} r \\ 0 \end{pmatrix}$$

算法 4.1.2 Givens变换

```
funtion: [c,s]=givens(a,b)
    if b = 0
      c=1;s=0;
    else
      if |b| > |a|
        τ = a/b; s = 1/√(1 + τ²); c = sτ
      else
        τ = b/a; c = 1/√(1 + τ²); s = cτ
      end
    end
```

该算法也具有数值性态良好的特点。

4.1.3 正交化方法

由于正交矩阵具有二范数不变的性质，因此考虑如下的正交三角分解

定理 4.1.3 设$A\in\mathcal{R}^{m\times n}(m\geqslant n)$，则$A$ 有QR 分解：

$$A=Q\begin{pmatrix}R\\0\end{pmatrix},$$

其中，$Q\in\mathcal{R}^{m\times m}$是正交矩阵，$R\in\mathcal{R}^{n\times n}$ 是具有非负对角元的上三角矩阵；而且当$m=n$且A非奇异时，上述分解唯一。

下面以一个7行5列的矩阵为例，说明如何用Householder变换实现QR 分解。首先对A的第一列a_1构造Householder变换H_1，满足

$$H_1A=\|a_1\|_2e_1,$$

则变换后的矩阵具有如下形式:

$$H_1A=\begin{pmatrix}\times&\times&\times&\times&\times\\0&+&\times&\times&\times\\0&+&\times&\times&\times\\0&+&\times&\times&\times\\0&+&\times&\times&\times\\0&+&\times&\times&\times\\0&+&\times&\times&\times\end{pmatrix}=A^{(1)}.$$

我们再针对$A^{(1)}$的第二列标记为“+”的元素确定一个6 阶的Householder变换$\tilde{H}_2$使得

$$\tilde{H}_2\begin{pmatrix}+\\+\\+\\+\\+\\+\end{pmatrix}=\begin{pmatrix}\times\\0\\0\\0\\0\\0\end{pmatrix}.$$

令$H_2 = diag(1, \tilde{H}_2)$，则有

$$H_2H_1 = \begin{pmatrix} \times & \times & \times & \times & \times \\ 0 & \times & \times & \times & \times \\ 0 & 0 & + & \times & \times \\ 0 & 0 & + & \times & \times \\ 0 & 0 & + & \times & \times \\ 0 & 0 & + & \times & \times \\ 0 & 0 & + & \times & \times \end{pmatrix} = A^{(2)}.$$

再接下来，集中精力针对第三列标记为“+”的元素构造Householder 变换$\tilde{H}_3$满足

$$\tilde{H}_3 \begin{pmatrix} + \\ + \\ + \\ + \\ + \end{pmatrix} = \begin{pmatrix} \times \\ 0 \\ 0 \\ 0 \\ 0 \end{pmatrix}.$$

类似的，记$H_3 = diag(I_2, \tilde{H}_3)$，则有

$$H_3H_2H_1 = \begin{pmatrix} \times & \times & \times & \times & \times \\ 0 & \times & \times & \times & \times \\ 0 & 0 & \times & \times & \times \\ 0 & 0 & 0 & + & \times \\ 0 & 0 & 0 & + & \times \\ 0 & 0 & 0 & + & \times \\ 0 & 0 & 0 & + & \times \end{pmatrix} = A^{(3)}.$$

接下来再采用前面相似的办法构造H_4，H_5，直到上三角化完成。

当QR分解结束后，一般来说，A就不再需要存储，可用来存放Q 和R。对于Q，我们通常不要显式的计算出来，而只需要存放H_k的Householder向量v_k。由于$v_k = (1, v_{k+1}^{(k)}, \cdots, v_n^{(k)})^T$，我们可以用$A$的严格下三角部分存放$v_k$的各分

量。下面以一个4 行3 列的矩阵为例说明这种存储方式:

$$A=\begin{pmatrix} r_{11} & r_{12} & r_{13} \\ v_2^{(1)} & r_{22} & r_{23} \\ v_3^{(1)} & v_3^{(2)} & r_{33} \\ v_4^{(1)} & v_4^{(2)} & v_4^{(3)} \end{pmatrix}.$$

假设$A=QR=Q\begin{pmatrix} R_1 \\ 0 \end{pmatrix}$及$Q^Tb=\tilde{b}=\begin{pmatrix} \tilde{b}_1 \\ \tilde{b}_2 \end{pmatrix}$，我们可以用如下方法计算最小二乘问题。

$$\begin{aligned} \|b-Ax\|_2=\|Q^T(b-Ax)\|_2 &= \|Q^Tb-Rx\|_2 \\ &= \left\|\begin{pmatrix} \tilde{b}_1 \\ \tilde{b}_2 \end{pmatrix}-\begin{pmatrix} R_1 \\ 0 \end{pmatrix}\right\|_2 \\ &= \left\|\begin{pmatrix} \tilde{b}_1-R_1x \\ \tilde{b}_2 \end{pmatrix}\right\|_2, \end{aligned}$$

所以求解最小二乘问题只需要求解非奇异上三角线性方程组$R_1x=\tilde{b}_1$.

§4.2 算例

我们知道A^+b是最小二乘问题的最小范数解，我们用下面的例说明这个事实。

[例] **4.2.1** 用正交变换求解系数矩阵为上Hessenberg矩阵的LS问题。

假设$b\in\mathcal{R}^n$, $H\in\mathcal{R}^{n\times n}$是一个上Hessenberg 矩阵。对于线性方程组$Hx=b$, 我们可以通过构造一系列Givens变换$G_1,G_2,\cdots,G_{n-1}$使得$G_{n-1}^T\cdots G_1^TH=R$为一个上三角矩阵。具体我们以下面的一个5×4 阶矩阵为例说明。

$$H=\begin{pmatrix} h_{11} & h_{12} & h_{13} & h_{14} \\ h_{21} & h_{22} & h_{23} & h_{24} \\ 0 & h_{23} & h_{33} & h_{34} \\ 0 & 0 & h_{43} & h_{44} \\ 0 & 0 & 0 & h_{54} \end{pmatrix}.$$

我们先对第一列的$\begin{pmatrix} h_{11} \\ h_{21} \end{pmatrix}$构造Givens变换$\tilde{G}_1$ 使得$\tilde{G}_1^T \begin{pmatrix} h_{11} \\ h_{21} \end{pmatrix} = \begin{pmatrix} r_{11} \\ 0 \end{pmatrix}$，这里的$r_{11} = \left\| \begin{pmatrix} h_{11} \\ h_{21} \end{pmatrix} \right\|_2$。然后构造$G_1^T = \begin{pmatrix} \tilde{G}_1^T & 0 \\ 0 & I_3 \end{pmatrix}$使得

$$G_1^T H = \begin{pmatrix} r_{11} & r_{12} & r_{13} & r_{14} \\ 0 & h_{22}^{(1)} & h_{23}^{(1)} & h_{24}^{(1)} \\ 0 & h_{23}^{(1)} & h_{33}^{(1)} & h_{34}^{(1)} \\ 0 & 0 & h_{43}^{(1)} & h_{44}^{(1)} \\ 0 & 0 & 0 & h_{54}^{(1)} \end{pmatrix} = H^{(1)}.$$

然后，我再对$H^{(1)}$第二列中的$\begin{pmatrix} h_{22}^{(1)} \\ h_{23}^{(1)} \end{pmatrix}$构造Givens变换$\tilde{G}_2$ 满足$\tilde{G}_2^T \begin{pmatrix} h_{22}^{(1)} \\ h_{23}^{(1)} \end{pmatrix} = \begin{pmatrix} r_{22} \\ 0 \end{pmatrix}$，再构造

$$G_2^T = \begin{pmatrix} 1 & 0 & 0 \\ 0 & \tilde{G}_2^T & 0 \\ 0 & 0 & I_2 \end{pmatrix},$$

G_2中(1,2)位置和(3,2) 位置上的0 元素表示的是向量$(0,0)$。这样G_2 满足

$$G_2^T H^{(1)} = G_2^T G_1^T H = \begin{pmatrix} r_{11} & r_{12} & r_{13} & r_{14} \\ 0 & r_{22} & r_{23} & r_{24} \\ 0 & 0 & h_{33}^{(2)} & h_{34}^{(2)} \\ 0 & 0 & h_{43}^{(2)} & h_{44}^{(2)} \\ 0 & 0 & 0 & h_{54}^{(2)} \end{pmatrix} = H^{(2)}.$$

最后，对$H^{(2)}$的第三列中的$\begin{pmatrix} h_{33}^{(2)} \\ h_{43}^{(2)} \end{pmatrix}$构造Givens变换$\tilde{G}_3^T$满足$\tilde{G}_2^T \begin{pmatrix} h_{22}^{(1)} \\ h_{23}^{(1)} \end{pmatrix} = \begin{pmatrix} r_{33} \\ 0 \end{pmatrix}$，再构造

$$G_3^T = \begin{pmatrix} I_2 & 0 & 0 \\ 0 & 0 & \tilde{G}_3 \\ 0 & 0 & e_1^T \end{pmatrix},$$

这里与前面一样，矩阵中所有的0代表的是对应的分块向量，而不是一个数值，$e_1^T=(0,1)$，这样G_3满足

$$G_3^T H^{(2)} = G_3^T G_2^T G_1^T H = \begin{pmatrix} r_{11} & r_{12} & r_{13} & r_{14} \\ 0 & r_{22} & r_{23} & r_{24} \\ 0 & 0 & r_{33} & r_{34} \\ 0 & 0 & 0 & h_{44}^{(3)} \\ 0 & 0 & 0 & h_{54}^{(3)} \end{pmatrix} = H^{(3)} = R.$$

最后，对$H^{(3)}$的最后一列的(4,4)和(5,4)元素构造Givens 变换

$$G_4^T = \begin{pmatrix} I_3 & 0 \\ 0 & \tilde{G}_4^T \end{pmatrix}.$$

这样的一系列Givens变换，即可完成上三角化

$$G_4^T H^{(3)} = G_4^T G_3^T G_2^T G_1^T H = \begin{pmatrix} r_{11} & r_{12} & r_{13} & r_{14} \\ 0 & r_{22} & r_{23} & r_{24} \\ 0 & 0 & r_{33} & r_{34} \\ 0 & 0 & 0 & r_{44} \\ 0 & 0 & 0 & 0 \end{pmatrix} = \begin{pmatrix} R_1 \\ 0 \end{pmatrix} = R.$$

对这一系列的Givens变换，我们可以记$Q^T = G_4^T G_3^T G_2^T G_1^T$，而在计算时，我们只需要存储每个Givens变换对应的c 和s元素即可。

接下来，我们计算LS问题：

$$\begin{aligned} \|b-Ax\|_2 = \|Q^T(b-Ax)\|_2 &= \|Q^T b - Rx\|_2 \\ &= \left\| \begin{pmatrix} \tilde{b}_1 \\ \tilde{b}_2 \end{pmatrix} - \begin{pmatrix} R_1 \\ 0 \end{pmatrix} \right\|_2 \\ &= \left\| \begin{pmatrix} \tilde{b}_1 - R_1 x \\ \tilde{b}_2 \end{pmatrix} \right\|_2 . \end{aligned}$$

最后只需要求解上三角线性方程组$R_1 x = \tilde{b}_1$就可以了。

具体程序如下：

算法 4.2.1 Givens变换计算上Hessenberg最小二乘问题

```
function [xLS,res] = LSq(H,b)
% [xLS,res] = LSq(H,b)
% Solution to the LS problem min norm(Ax-b) where H is a full
% rank m-by-n upper Hessenberg matrix with m≥n and b is a column m-vector.
% xLS is the n-by-1 vector that minimizes the norm(Ax-b) and
% res = norm(H*xLS-b).

    [m,n] = size(H);
for j=1:n
        %Zero H(j+1,j)
        [c,s] = Rotate(H(j,j),H(j+1,j));
        H(j:j+1,j:n) = [c s; -s c]*H(j:j+1,j:n);
        b(j:j+1) = [c s; -s c]*b(j:j+1);
end
    xLS = UTriSol(H(1:n,1:n),b(1:n));
if m==n
        res = 0;
    else
        res = norm(b(n+1:m));
end
```

这段程序中的函数Rotate是Givens变换。

算法 4.2.2 function [c,s] = Rotate(x1,x2)

```
% [c,s] = Rotate(x1,x2)
% x1 and x2 are real scalars and c and s is a cosine-sine pair so
% -s*x1 + c*x2 = 0.
```

```
if x2==0
        c = 1;
        s = 0;
else
        if abs(x2)>=abs(x1)
           cotangent = x1/x2;
           s = 1/sqrt(1 + cotangent^2);
           c = s*cotangent;
        else
           tangent = x2/x1;
           c = 1/sqrt(1 + tangent^2);
           s = c*tangent;
        end
end
```

本章习题

1.请设计一个程序用QR分解求解一个上Hessenberg线性方程组$Hx = b$，并具体计算习题2.2中的算例。

2.分别编写用Householder变换和Givens变换计算最小二乘问题的通用程序，并用这些程序求解教材[5]第三章上机习题1。

5 线性方程组的古典迭代解法

当所求解的线性方程组的系数矩阵为稀疏矩阵时，使用直接解法会产生fill-in问题，即产生新的非零元素，破坏矩阵的稀疏性，因此迭代解法是个很好的选择。

§5.1 概念回顾

5.1.1 古典迭代格式

考虑对线性方程组

$$Ax = b \tag{5.1}$$

的系数矩阵A做一个矩阵分裂$A = M - N$，适当的选择迭代初始值$x^{(0)}$以后，可以构造如下的迭代格式

$$Mx^{(k+1)} = Nx^{(k)} + b.$$

当上式中的矩阵M非奇异的时候，其迭代格式如下：

$$x^{(k+1)} = M^{-1}Nx^{(k)} + M^{-1}b = Bx^{(k)} + g. \tag{5.2}$$

这里的B被称为迭代矩阵。对于A的不同分裂，我们可以得到不同的迭代方法，但这些迭代方法统称为定常迭代。

当

$$A = \begin{pmatrix} a_{11} & 0 & 0 & 0 & 0 \\ 0 & a_{22} & 0 & 0 & 0 \\ 0 & 0 & \ddots & 0 & 0 \\ 0 & 0 & 0 & \ddots & 0 \\ 0 & 0 & 0 & 0 & a_{nn} \end{pmatrix} - \begin{pmatrix} 0 & & & & \\ -a_{21} & 0 & & & \\ -a_{31} & -a_{32} & 0 & & \\ \vdots & \vdots & \ddots & \ddots & \\ -a_{n1} & -a_{n2} & \cdots & -a_{n,n-1} & 0 \end{pmatrix}$$

$$- \begin{pmatrix} 0 & -a_{12} & -a_{13} & \cdots & -a_{1n} \\ & 0 & -a_{23} & \cdots & -a_{2n} \\ & & \ddots & \ddots & \vdots \\ & & & 0 & -a_{n-1,n} \\ & & & & 0 \end{pmatrix} = D - (L + U),$$

在这里，$M = D$，$N = L + U$，因此，其迭代格式为

$$x^{(k+1)} = D^{-1}(L + U)x^{(k)} + D^{-1}b,$$

被称为Jacobi迭代格式，其中$B = D^{-1}(L + U)$被称为Jacobi 迭代矩阵。

如果选择$M = D - L, N = U$，则可以得到下面的迭代格式

$$x^{(k+1)} = (D - L)^{-1}Ux^{(k)} + (D - L)^{-1}b,$$

这种迭代格式被称为Gauss-Seidel迭代，其迭代矩阵为$B = (D - L)^{-1}U$。

如果选择$M = D - \omega L, N = (1 - \omega)D + \omega U$，就得到如下的迭代方法

$$x^{(k+1)} = (D - \omega L)^{-1}((1 - \omega)D + \omega U)x^{(k)} + \omega(D - \omega L)^{-1}b,$$

其中，ω被称为松弛因子。当$\omega > 1$时叫超松弛；当$\omega < 1$时叫低松弛；$\omega = 1$时就是Gauss-Seidel迭代。

5.1.2 收敛性分析

假设方程组$Ax = b$的精确解是x^*，则满足

$$x^* = Bx^* = g,$$

考虑误差递推如下：

$$x^{(k)} - x^* = B(x^{(k-1)} - x^*) = B^k(x^{(0)} - x^*),$$

所以，任何定常迭代格式收敛的充分必要条件是$\rho(B) < 1$。若迭代矩阵的范数$\|B\| = q < 1$，并且假定范数满足$\|I\| = 1$，则有

$$\|x^{(k)} - x^*\| \leqslant \frac{q^k}{1-q}\|x^{(1)} - x^{(0)}\|,$$

或者

$$\|x^{(k)} - x^*\| \leqslant \frac{q}{1-q}\|x^{(k-1)} - x^{(k)}\|.$$

假设B是Jacobi迭代的迭代矩阵，若$\|B\|_\infty < 1$，则G-S 迭代收敛，并且有如下估计

$$\|x^{(k)} - x^*\|_\infty \leqslant \frac{\mu^k}{1-\mu}\|x^{(1)} - x^{(0)}\|_\infty,$$

其中，$\mu = \max_i \left(\sum_{j=i+1}^{n} \frac{|b_{ij}|}{1-\sum_{j=1}^{i-1}|b_{ij}|}\right)$，且有$\mu \leqslant \|B\|_\infty < 1$，这里$b_{ij}$是$B$的元素。

同样，若Jacobi迭代矩阵B满足$\|B\|_1 < 1$，则G-S迭代收敛，且有下面估计

$$\|x^{(k)} - x^*\|_1 \leqslant \frac{\tilde{\mu}^k}{(1-\tilde{\mu})(1-s)}\|x^{(1)} - x^{(0)}\|_1,$$

其中,$s = \max_j \sum_{i=j+1}^{n} |b_{ij}|$，$\tilde{\mu} = \max_j \frac{\sum_{i=1}^{j-1}|b_{ij}|}{1-\sum_{i=j+1}^{n}|b_{ij}}| \leqslant \|B\|_1 < 1$.

若线性方程组系数矩阵A正定，我们还可以推出一些更好的结论：

(1) 若A对称，对角元$a_{ii} > 0(i = 1, 2, \cdots, n)$，则Jacobi 迭代收敛的充要条件是$A$和$2D - A$正定。

(2) 若A正定，则G-S迭代收敛。

若A为不可约对角占优或者严格对角占优，则A非奇异，并且Jacobi 迭代和G-S迭代收敛。

对于超松弛迭代法，我们需要考虑松弛因子ω取什么值时，迭代法收敛，取什么值时，收敛最快。由于SOR迭代法和别的定常迭代法一样，当且仅当迭代矩阵的谱半径小于1时，迭代法收敛，因此，我们有：

定理 5.1.1 SOR迭代法收敛的必要条件是$0 < \omega < 2$。

当A为一系列特殊矩阵时，我们分别有

定理 5.1.2 若系数矩阵A是严格对角占优或不可约对角占优的，且松弛因子$\omega \in (0,1)$，则SOR收敛。

定理 5.1.3 若系数矩阵是实对称的正定矩阵，则当$0 < \omega < 2$时SOR收敛。

当$\omega = \omega_{opt} = \frac{2}{1+\sqrt{1-\rho(B)^2}}$时，迭代矩阵谱半径最小，收敛速度最快，此时的松弛因子称为最佳松弛因子。

我们定义

$$R_k(M) = \frac{-ln\|M^k\|}{k}$$

为k次迭代的平均收敛速度。当$k \to \infty$时，我们称$R_\infty(M)$为渐近收敛速度。定常迭代的收敛速度都是线性的，一般来讲，G-S迭代的收敛速度要比Jacobi 收敛速度快，而SOR迭代的收敛速度则比G-S迭代要快许多，但是，在实际计算中，SOR迭代需要用数值试验选取合适的迭代因子。三个迭代法的收敛速度都是线性的。

§5.2 算例

我们用下面的算例来说明如何用古典迭代解决问题。

[例] 5.2.1 设$f(x) \in \mathcal{C}[0.1]$，求$n$次多项式

$$P_n(x) = a_0 + a_1x + a_2x^2 + \cdots + a_nx^n$$

使得

$$L = \int_0^1 [P_n(x) - f(x)]^2\, dx$$

取最小值，即$P_n(x)$是$f(x)$的最佳平方逼近多项式。由极值的必要条件，对

$$L(a_0, a_1, \cdots, a_n) = \int_0^1 \left[\sum_{j=0}^{n} a_jx^j - f(x)\right]^2 dx$$

中的变量求导，得

$$\frac{\partial L}{\partial a_i}=2\int_0^1 x^i\left[\sum_{j=0}^{n}a_jx^j-f(x)\right]^2dx=2\sum_{j=0}^{n}a_j\int_0^1 x^{i+j}dx-2\int_0^1 x^if(x)dx.$$

由$\frac{\partial L}{\partial a_i}=0$可得方程组

$$\sum_{j=0}^{n}\frac{1}{i+j-1}a_j=\int_0^1 x^if(x)dx \qquad (i=0,1,2,\cdots,n).$$

令$b_i=\int_0^1 x^if(x)dx$，将方程组写成矩阵形式

$$\begin{pmatrix} 1 & \frac{1}{2} & \cdots & \frac{1}{n+1} \\ \frac{1}{2} & \frac{1}{3} & \cdots & \frac{1}{n+1} \\ \cdots & \cdots & \cdots & \cdots \\ \frac{1}{n+1} & \frac{1}{n+2} & \cdots & \frac{1}{2n+1} \end{pmatrix}\begin{pmatrix} a_0 \\ a_1 \\ \vdots \\ a_n \end{pmatrix}=\begin{pmatrix} b_0 \\ b_1 \\ \vdots \\ b_n \end{pmatrix}.$$

这就是Hilbert方程组。再令$\alpha=\begin{pmatrix} a_0 \\ a_1 \\ \vdots \\ a_n \end{pmatrix}$，$x=\begin{pmatrix} 1 \\ x \\ x^2 \\ \vdots \\ x^n \end{pmatrix}$，则多项式$P_n(x)=$ $\alpha^Tx=(\alpha,x)$，所以

$$P_n(x)^2=(\alpha^T,x)^2=(\alpha,x)(x,\alpha)=\alpha^Txx^T\alpha$$

积分，得

$$\int_0^1 P(x)^2dx=\alpha^T\begin{pmatrix} 1 & \frac{1}{2} & \cdots & \frac{1}{n+1} \\ \frac{1}{2} & \frac{1}{3} & \cdots & \frac{1}{n+1} \\ \cdots & \cdots & \cdots & \cdots \\ \frac{1}{n+1} & \frac{1}{n+2} & \cdots & \frac{1}{2n+1} \end{pmatrix}\alpha>0,$$

所以，Hilbert矩阵正定，但我们由前面的练习，还知道Hilbert 矩阵是病态的。

下面我们选取$e = \begin{pmatrix} 1 \\ 1 \\ \vdots \\ 1 \end{pmatrix}$作为算例的真解，构造方程组的右端项$Ae = b$。得到计算结果如下：当$n = 6$时，选取零向量作为迭代初值，Jacobi迭代经过487次迭代仍然不收敛，当使用SOR方法求解这个方程组时，选取松弛因子$w = 1$ 时，经过17406次迭代，得到的解为

$$x = \begin{pmatrix} 0.9999 \\ 1.0009 \\ 0.9981 \\ 0.9974 \\ 1.0089 \\ 0.9947 \end{pmatrix},$$

此结果与精确解绝对误差的二范数为0.0109，这个结果比较接近精确解；当松弛因子$w = 1.25$时，经过16290 次迭代所得的结果为

$$x = \begin{pmatrix} 1.0000 \\ 1.0003 \\ 1.0010 \\ 0.9922 \\ 1.0126 \\ 0.9939 \end{pmatrix},$$

与精确绝对误差的二范数为0.0160，因此$w = 1$精度比$w = 1.25$ 高，但$w = 1.25$迭代次数较少。再选取$w = 1.5$时，经过16769次迭代所得到的结果为

$$x = \begin{pmatrix} 1.0000 \\ 0.9995 \\ 1.0052 \\ 0.9829 \\ 1.0216 \\ 0.9907 \end{pmatrix},$$

这个结果与精确解的绝对误差为0.0296，精度没有$w=1$和$w=1.25$ 高，但迭代次数比$w=1$时少，比$w=1.25$时多。

当$n=8$时，我还是选取零向量作为迭代的初始向量，Jacobi 迭代还是不收敛，对于$n=10$的情形，也是类似，读者此时不妨可以分析一下Jacobi迭代矩阵的谱半径。当我们选择SOR方法时，当$n=8$时，选择$w=1$，经过8342次迭代，得到的解与精确解的绝对误差为0.0330。当松弛因子为1.25 时，经过17436次迭代，计算解与精确解的绝对误差为0.0387。当$w=1.5$时，经过16769 次迭代，得到的计算解与精确解的绝对误差为0.0262；对于$n=10$ 的情形，请读者自己完成。当我们选择Gauss-Seidel迭代时，我们发现其结果与$w=1$时相同，这是显然的，因为SOR迭代当$w=1$时，就是Gauss-Seidel迭代。

本章习题

1.请就本节数值例子中$n=10$的情况进行计算，并分析结果。2.考虑两点边值问题

$$\begin{cases} \varepsilon\dfrac{d^2y}{dx^2}+\dfrac{dy}{dx}=a, \quad 0<a<1 \\ y(0)=1, \qquad y(1)=1, \end{cases}$$

容易知道它的精确解为

$$y=e^{-\frac{x}{\varepsilon}}+\frac{1-a}{e^{-1/\varepsilon}}+ax. \tag{5.3}$$

为了把微分方程离散，把[0,1]区间n等分，令$h=\frac{1}{n}$，

$$x_i=ih, \qquad i=1,2,\cdots,n-1,$$

得到差分方程

$$\varepsilon\frac{y_{i+1}-2y_i+y_{i-1}}{h^2}+\frac{y_{i+1}-y_i}{h}=a,$$

简化为

$$(\varepsilon+h)y_{i+1}-(2\varepsilon+h)y_i+\varepsilon y_{i-1}=ah^2,$$

从而离散后得到的线性方程组的系数矩阵为

$$A=\begin{pmatrix} -(2\varepsilon+h) & \varepsilon+h & & & \\ \varepsilon & -(2\varepsilon+h) & \varepsilon+h & & \\ & \varepsilon & -(2\varepsilon+h) & \ddots & \\ & & \ddots & \ddots & \varepsilon+h \\ & & & \varepsilon & -(2\varepsilon+h) \end{pmatrix}.$$

对$\varepsilon=1$, $a=\frac{1}{2}$, $n=100$, 分别用Jacobi, G-S 和超松弛迭代方法求线性方程组的解，要求有4 位有效数字，然后比较与精确解的误差。

对$\varepsilon=0.1$, $\varepsilon=0.01$, $\varepsilon=0.0001$, 考虑同样的问题。

6 Krylov子空间方法简介

我们在上一章看到，古典迭代法中，在某些情形下只有SOR效果较好，但还需要选择参数，而实际问题中选择参数不是个容易的事情。在本章，将介绍一类具有超线性收敛特性的方法，Krylov子空间方法。Krylov子空间方法源于20世纪50年代，被誉为20世纪十大算法之一，在特征值计算、线性方程组计算、矩阵方程计算及模型降阶等问题求解中起着非常重要的作用。

§6.1 子空间投影法简介

考虑n阶线性方程组

$$Ax = b,$$

我们采用如下过程来构造迭代法：

首先任意选取迭代初始向量x_0，一系列搜索子空间

$$\mathcal{K}_1 \subset \mathcal{K}_2 \subset \cdots,$$

以及一系列投影（约束）子空间

$$\mathcal{L}_1 \subset \mathcal{L}_2 \subset \cdots,$$

然后用如下办法构造迭代

$$x_k = x_0 + c_k, \qquad c_k \in \mathcal{K}_k,$$

其中，c_k被称为矫正向量，要满足

$$r_k = b - Ax_k = r_0 - Ac_k \perp \mathcal{L}_k. \tag{6.1}$$

换句话说，也就是

$$(r_0 - Ac_k, w) = 0, \qquad \forall w \in \mathcal{L}_k.$$

显然，这种方法最多迭代n步后，就可以得到方程组的精确解。(请读者考虑是为什么？)事实上，科学计算中许多著名的算法都可以归于子空间投影法，例如我们前面所学习过的古典迭代法。

[例] **6.1.1** 当我们选取$\mathcal{K}_k = \mathcal{L}_k = span\{e_k\}$，$k = 1, 2, \cdots, n$ 的时候，这个迭代法就是著名的Gauss-Seidel迭代法。

当$\mathcal{L}_k = \mathcal{K}_k$时，即

$$r_k \perp \mathcal{K}_k \tag{6.2}$$

条件(6.1)被称为Petrov-Galerkin条件，或者称为正交条件。如果令V_k的列是$\mathcal{K}_k$正交基构成的矩阵，由正交性有

$$0 = (r_k, V_k) = (r_0 - AV_k y, V_k) = (r_0, V_k) - (AV_k y, V_k),$$

即

$$V_k^T A V_k y = V^T r_0.$$

当$\mathcal{L}_k = A\mathcal{K}_k$时，我们有

$$r_0 - w \perp A\mathcal{K}_k, \qquad w \in A\mathcal{K}_k,$$

这等价于

$$\|r_{k+1}\|_2 = \min_{c_k \in \mathcal{K}} \|r_0 - Ac_k\|_2. \tag{6.3}$$

被称为最小二乘条件。

§6.2 为什么使用Krylov子空间方法

Krylov子空间迭代法属于子空间投影法的一种，它选择的搜索子空间是由任意迭代初值x_0的残向量$r_0 = b - Ax_0$ 构成的Krylov 子空间

$$\mathcal{K}_k(A, r_0) = \{r_0, Ar_0, A^2 r_0, \cdots, A^{k-1} r_0\}.$$

因此，每一次迭代$x_{k+1} = x_k + c_k$的矫正向量$c_k \in \mathcal{K}_k(A, r_0)$。也就是说，我们只是在一个仿射子空间$x_0 + \mathcal{K}_k(A, r_0)$ 里逼近方程组$Ax = b$的解，为什么可以这样呢？我们首先考虑如下有用的定义：

定义 6.2.1 多项式$p(t)$如果被称为矩阵A的极小多项式，如果$p(t)$ 是一个最高幂次项系数为1，且满足$p(A) = 0$的最高幂次最小的多项式。

矩阵的极小多项式与这个矩阵的特征值及Jordan标准型有对应关系，考虑下面的例子：

[例] **6.2.1** 考虑如下矩阵

$$A = \begin{pmatrix} 3 & 1 & & \\ & 3 & & \\ & & 4 & \\ & & & 4 \end{pmatrix},$$

则A的极小多项式为$p(t) = (t-3)^2(t-4)$。

容易发现，一个矩阵A的极小多项式的中有关A的某个重特征值λ_i的因式只能有k_i个，这里的k_j 是对应于λ_i所对应的最大Jordan块的阶数。

假设矩阵A的极小多项式为$p(t) = \alpha_0 + \alpha_1 t + \cdots + \alpha_{m-1} t^{m-1} + t^m$，则$p(t)$满足$p(A) = 0$，即

$$\alpha_0 I + \alpha_1 A + \cdots + \alpha_{m-1} A^{m-1} + A^m = 0,$$

当A是非奇异矩阵时，$\alpha_0 \neq 0$（请读者考虑这是为什么？），接下来我们可以表示A^{-1}如下：

$$A^{-1} = -\frac{\alpha_1}{\alpha_0} I - \frac{\alpha_2}{\alpha_0} A - \cdots - \frac{1}{\alpha_0} A^{m-1}.$$

因此方程组的精确解$x = A^{-1}b$一定会在子空间$\mathcal{K}_m(A, b)$里，也就是说，如果使用Krylov子空间方法，只要选取迭代初始值为0向量，则在不考虑计算误差的前提下，一定在m步迭代后得到精确解。当我们选择的迭代初值是一个非零向量x_0时，我们不是用Krylov子空间方法求解$Ax = b$，而是变成求解$Ac = r_0$，这里的$c = x - x_0$，当求解出c_k 后，我们就可以形成第k步近似解$x_k = x_0 + c_k$了。

通过前面的知识，我们知道：

- 对于任何n阶非奇异线性方程组$Ax = b$，在不考虑计算误差的前提下，我们可以在最多n 步迭代后得到精确解。

- 系数矩阵A的不同特征值越少，Krylov子空间方法需要的迭代次数就越少，在实际问题中，我们往往希望系数矩阵A的特征值尽量集中在一起，或者几个区域。

- 由于矩阵A的极小多项式的次数和特征值的最大Jordan 块的阶数有关，所以，我们希望每个特征值对应的最大Jordan块阶数低，这样方程组的解就落在一个维数比较低的Krylov子空间里，因此，我只需要相对比较少的迭代步数就可以得到方程组的解。

最后，$\mathcal{K}_k(A, r_0)$的维数一般情况下随着k 的增加而增加，并且不是由A的极小多项式的次数来决定，因为

$$x = \alpha_1 r_0 + \alpha_2 A r_0 + \cdots + \alpha_k A^{k-1} r_0 = q(A) r_0,$$

是否为零向量（即是否线性相关），由$q(A)r_0$是否为零来决定，这里$q(t) = \alpha_0 + \alpha_1 t + \cdots + \alpha_k t^{k-1}$ 是一个多项式。但$\mathcal{K}_k(A, r_0)$的维数显然不能超过n。那究竟如何确定$\mathcal{K}_k(A, r_0)$的维数呢？我们需要引入如下定义。

定义 6.2.2 我们称$q(t)$是矩阵A关于向量v的极小多项式，如果$q(t)$ 是满足$q(A)v = 0$的（最高）幂次最小的首项系数为一的多项式。

如果矩阵A关于r_0的最小多项式次数为m，则$dim(\mathcal{K}_k(A, r_0)) \leqslant m$。

§6.3 Arnoldi过程

当我们知道$c_k \in K_k(A, r_0)$，所以c_k 可以表示成子空间生成元$\{r_0, Ar_0, \cdots, A^{k-1}r_0\}$的线性组合，但我们容易发现随着$k$ 的增加，这组生成元会越来越病态（线性相关），因此，我们希望通过合适的办法去寻找krylov子空间$K_k(A, r_0)$的正交基。因此，我们采用下面的Arnoldi过程来构造$K_k(A, r_0)$ 的正交基，具体算法如下：

算法 6.3.1 Arnoldi

1. 计算$\beta = \|r_0\|_2$及$v_1 = r_0/\beta$;
2. For $j = 1, \cdots, k$, Do:
3. 计算$h_{ij} = (Av_j, v_i)$，for $i = 1, 2, \cdots, j$;
4. 计算$w_j := Av_j - \sum_{i=1}^{j} h_{ij}v_i$;
5. 计算$h_{j+1,j} = \|w_j\|_2$;
6. If $h_{j+1,j} = 0$, then stop;
7. $v_{j+1} = w_j/h_{j+1,j}$;
8. Enddo.

Arnoldi过程每一步是让前一个Arnoldi向量v_j乘以A，然后用标准的Gram-Schmidt过程与前面的$v_i, i = 1, \cdots, j$做标准正交化，从而产生新的向量w_j。显然，当$w_j = 0$时，算法中断。这种算法具有如下性质：

定理 6.3.1 如果Arnoldi过程不中断执行到m步，则向量集$\{v_1, v_2, \cdots, v_m\}$可以张成$\mathcal{K}_k(A, v_1)$的一组标准正交基。

证明 6.3.1 因为这个算法的每一步是用Av_j对前面的$v_i, i = 1, 2, \cdots, m-1$做标准正交化，所以标准正交性是显然的。我们下面用数学归纳法证明$\{v_1, v_2, \cdots, v_m\}$ 是$\mathcal{K}_m(A, v_1)$的一组基。只需证明$v_k \in \mathcal{K}_m(A, v_1)$，即只需证明存在多项式$q_{k-1}(t)$ 使得$v_k = q_{k-1}(A)v_1$。

当$k = 1$时，$v_1 = p_0(A)v_1$，此时$p_0(t) = 1$。

假设$k \leqslant j$时成立，则$k = j + 1$时有

$$w_j = h_{j+1,j}v_{j+1} = Av_j - \sum_{i=1}^{j} h_{ij}v_i = Aq_{j-1}(A)v_1 - \sum_{i=1}^{j} h_{ij}q_{i-1}(A)v_1 \quad (6.4)$$

令

$q_j(t) = tq_{j-1}(t) - \sum_{i=1}^{j} h_{ij}q_{i-1}(t)$，此时有:$v_{j+1} = q_j(A)v_1$.

证明完毕

定理 6.3.2 V_m是由向量$v_1, v_2, \cdots, v_m$按列构成的矩阵，$\bar{H}_m$是以算法6.3.1中的h_{ij}为元素构成的一个$m \times (m+1)$的上Hessenberg矩阵，并且H_m 是$\bar{H}_m$去掉最后一行以后得到的矩阵。那么Arnoldi 算法具有如下性质：

$$AV_m = V_mH_m + w_me_m^T \tag{6.5}$$
$$= V_{m+1}\bar{H}_m. \tag{6.6}$$

$$V_m^TAV_m = H_m. \tag{6.7}$$

证明 6.3.2 由Arnoldi过程，我们有

$$Av_j = \sum_{i=1}^{j+1} h_{ij}v_i. \tag{6.8}$$

(6.5)式是(6.8)式的矩阵形式，(6.6)式则容易从(6.5)式得到。(6.7)式是在(6.5)式两边同时乘以V_m^T得到。

显然，当$w_j = 0$时，Arnoldi算法在第j步中断。我们下面给出Arnoldi算法中断的条件。

定理 6.3.3 Arnoldi算法在第j步中断，即$h_{j+1,j} = 0$或者$w_j = 0$的充要条件是矩阵A有关向量v_1的极小多项式次数为j，此时$\mathcal{K}_j$是A的不变子空间。

证明 6.3.3 由(6.4)式，我们知道，当矩阵A关于向量v_1的极小多项式次数为j的时候，$w_j = 0$，所以算法中断，而此时$dim(\mathcal{K}_m) = j, m > j$，所以$\mathcal{K}_j$是$A$的不变子空间。反之，当算法在$j$步中断时，$w_j = 0$，则矩阵$A$关于向量$v_1$的极小多项式次数$\leqslant j$。事实上，这个次数不可能小于$j$，如果小于$j$，则算法早于$j$中断。

下面，我们来看Arnoldi过程具体如何执行。Arnoldi 过程可以通过两种方式执行：一种是修改的Gram-Schmidt算法，一种是Householder算法。我们首先来看修改的Gram-Schmidt 算法执行Arnoldi过程。

算法 6.3.2 Arnoldi-Modified Gram-Schimdt

1. 选择单位向量v_1
2. For $j = 1, 2, \cdots, m$ Do:
3. 　计算$w_j := Av_j$

4. for $i = 1, \cdots, j$ Do:
5. $\quad h_{ij} = (w_j, v_i)$
6. $\quad w_j := w_j - h_{ij} v_i$
7. EndDo
8. $h_{j+1,j} = \|w_j\|_2$. If $h_{j+1,j} = 0$ Stop
9. $v_{j+1} = w_j / h_{j+1,j}$
10. EndDo.

这种算法在数学上与算法6.3.1是等价的，但在数值计算特性上，算法6.3.2更加稳定。尽管如此，在使用这个算法的时候，要注意在计算出循环最后的w_j的时候，需要和最初的w_j，也就是Av_j去比较，如果在数值上小很多的话，我们需要进行第二次正交化，具体请参见Parlett[2]。

当我们选择Householder执行的时候，我们可以得到更加稳定的算法，具体请参见Walker[4]。

§6.4 GMRES方法

6.4.1 基本的GMRES方法

在投影法中，当$v_1 = r_0/\|r_0\|$时，令搜索子空间为$\mathcal{K} = \mathcal{K}_k$，约束子空间为$\mathcal{L} = A\mathcal{K}_k$，即选择最小二乘条件。这样，我们就得到了GMRES方法。

按照子空间投影法，我们用如下方式构造迭代解x_k

$$x_k = x_0 + c_k = x_0 + V_k y_k,$$

这里的V_k 由krylov子空间$\mathcal{K}_k = \mathcal{K}_k(A, r_0)$ 经过Arnoldi 过程得到的标准正交基$v_1, v_2, \cdots, v_k$ 按列构成的列正交矩阵（即只满足$V_k^T V_k = I$）。由最小二乘

条件及Arnoldi过程的性质(6.6)，我们就有

$$
\begin{aligned}
\|r_k\|_2 &= \min_{x_k \in x_0+\mathcal{K}_k} \|b - Ax_k\|_2 \\
&= \min_{c_k \in \mathcal{K}_k} \|b - A(x_0 + c_k)\|_2 \\
&= \min_{y_k \in \mathcal{R}^n} \|r_0 - AV_k y_k\|_2 \\
&= \min_{y_k \in \mathcal{R}^n} \|r_0 - V_{k+1}\bar{H}_k y_k\|_2 \\
&= \min_{y_k \in \mathcal{R}^n} \|\beta v_1 - V_{k+1}\bar{H}_k y_k\|_2 \\
&= \min_{y_k \in \mathcal{R}^n} \|\beta V_{k+1} e_1 - V_{k+1}\bar{H}_k y_k\|_2 \\
&= \min_{y_k \in \mathcal{R}^n} \|\beta e_1 - \bar{H}_k y_k\|_2.
\end{aligned}
\tag{6.9}
$$

下面我们把GMRES算法归纳如下：

算法 6.4.1 GMRES

1. 计算$r_0 = b - Ax_0$，$\beta := \|r_0\|_2$，$v_1 = \frac{r_0}{\beta}$
2. 定义$(k+1) \times k$矩阵$\bar{H}_k = (h_{ij})_{1 \leqslant i \leqslant k+1, 1 \leqslant j \leqslant k} = zeros(k, k+1)$
3. For $j = 1, 2, \cdots, k$ Do:
4.   计算$w_j := Av_j$
5.   For $i = 1, \cdots, j$ Do:
6. $h_{ij} := (w_j, v_i)$
7. $w_j := w_j - h_{ij} v_i$
8.   EndDo
9. $h_{j+1,j} = \|w_j\|_2$. If $h_{j+1,j} = 0$ set $m := j$ and go to 12
10. $v_{j+1} = w_j / h_{j+1,j}$
11. EndDo
12. 计算最小二乘问题$\|\beta e_1 - \bar{H}_k y\|_2$ 的解y_k，构造迭代解$x_k = x_0 + V_k y_k$.

下面我们来讨论GMRES方法的具体执行问题。首先这种方法的正交基由Arnoldi过程产生，上一节已经仔细讨论过，这里就不做讨论了。我们下面主要讨论最小二乘问题(6.9) 的计算。因为$\bar{H}_k$列满秩（请读者考虑这是为什么？），我们可以考虑采用前面学过的求解最小二乘问题的方法来求解，即，首

先对$\bar{H}_k$作QR分解

$$\bar{H}_k = Q_k\bar{R}_k = Q\begin{pmatrix} R_k \\ 0 \end{pmatrix} \tag{6.10}$$

令$\bar{g}_k = Q_k^T\beta e_1 = \begin{pmatrix} g_k \\ \gamma_{k+1} \end{pmatrix}$，这里$g_k = \begin{pmatrix} \gamma_1 \\ \vdots \\ \gamma_k \end{pmatrix}$，(6.9)式可以变为

$$\begin{aligned} \min_{y_k\in\mathcal{R}^n} \|\beta e_1 - \bar{H}_k y_k\|_2 &= \min_{y_k\in\mathcal{R}^n} \|\beta Q_k^T e_1 - \bar{R}_k y_k\|_2 \\ &= \min_{y_k\in\mathcal{R}^n} \| \begin{pmatrix} g_k \\ \gamma_{k+1} \end{pmatrix} - \begin{pmatrix} R_k \\ 0 \end{pmatrix} y_k\|_2 \end{aligned}$$

所以，y_k是上三角方程组$R_k y = g_k$的解，而$\min\|r_k\|_2 = \gamma_{k+1}$。

接下来，我们考虑如何实现(6.10)式。因为$\bar{H}_k$ 是上Hessenberg矩阵，所以，我们考虑使用Givens旋转来实现。定义Givens 旋转变换矩阵

$$G_i = \begin{pmatrix} 1 & & & & & & & \\ & \ddots & & & & & & \\ & & 1 & & & & & \\ & & & c_i & s_i & & & \\ & & & -s_i & c_i & & & \\ & & & & & 1 & & \\ & & & & & & \ddots & \\ & & & & & & & 1 \end{pmatrix}, \tag{6.11}$$

这里$c_i^2 + s_i^2 = 1$，并且这个矩阵的阶数和GMRES 迭代的步数有关，即，如果GMRES迭代到第m 步，则这个矩阵的阶数应该为$(m+1)\times(m+1)$，因为此时GMRES中每一步的最小二乘问题(6.9)中的矩阵$\bar{H}_m$是$(m+1)\times m$的。

具体计算的时候，我们让上Hessenberg矩阵$\bar{H}_m$和最小二乘问题(6.9)的右端项$\bar{g}_0 = \beta e_1$乘以一些Givens 旋转矩阵G_i，其中G_i 中的c_i, s_i 用来消去$\bar{H}_m$中

的$h_{i+1,i}$。我们以$m=5$来举例说明具体的消去过程。$m=5$时,

$$\bar{H}_5 = \begin{pmatrix} h_{11} & h_{12} & h_{13} & h_{14} & h_{15} \\ h_{21} & h_{22} & h_{23} & h_{24} & h_{25} \\ 0 & h_{32} & h_{33} & h_{34} & h_{35} \\ 0 & 0 & h_{43} & h_{44} & h_{45} \\ 0 & 0 & 0 & h_{54} & h_{55} \\ 0 & 0 & 0 & 0 & h_{65} \end{pmatrix}, \quad \bar{g}_0 = \begin{pmatrix} \beta \\ 0 \\ 0 \\ 0 \\ 0 \\ 0 \end{pmatrix}.$$

我们用

$$G_1 = \begin{pmatrix} c_1 & s_1 & & & & \\ -s_1 & c_1 & & & & \\ & & 1 & & & \\ & & & 1 & & \\ & & & & 1 & \\ & & & & & 1 \end{pmatrix}$$

左乘以$\bar{H}_5$,其中$s_1 = \frac{h_{21}}{\sqrt{h_{11}^2+h_{21}^2}}$,$c_1 = \frac{h_{11}}{\sqrt{h_{11}^2+h_{21}^2}}$。我们可以得到

$$G_1\bar{H}_5 = \bar{H}_5^{(1)} = \begin{pmatrix} h_{11}^{(1)} & h_{12}^{(1)} & h_{13}^{(1)} & h_{14}^{(1)} & h_{15}^{(1)} \\ 0 & h_{22}^{(1)} & h_{23}^{(1)} & h_{24}^{(1)} & h_{25}^{(1)} \\ 0 & h_{32} & h_{33} & h_{34} & h_{35} \\ 0 & 0 & h_{43} & h_{44} & h_{45} \\ 0 & 0 & 0 & h_{54} & h_{55} \\ 0 & 0 & 0 & 0 & h_{65} \end{pmatrix}, \quad \bar{g}_1 = \begin{pmatrix} c_1\beta \\ -s_1\beta \\ 0 \\ 0 \\ 0 \\ 0 \end{pmatrix}.$$

我接着再用

$$s_2 = \frac{h_{32}}{\sqrt{\left(h_{22}^{(1)}\right)^2 + h_{32}^2}}, \quad c_1 = \frac{h_{22}^{(1)}}{\sqrt{\left(h_{22}^{(1)}\right)^2 + h_{32}^2}}$$

构造旋转矩阵G_2，然后类似地左乘以右端项$\bar{g}_1$ 和矩阵$\bar{H}_5^{(1)}$并消去元素h_{32}。这个过程一直持续下去直到第m个旋转把$\bar{H}_5$和$\bar{g}_0$变成

$$\bar{H}_5^{(5)} = \begin{pmatrix} h_{11}^{(5)} & h_{12}^{(5)} & h_{13}^{(5)} & h_{14}^{(5)} & h_{15}^{(5)} \\ 0 & h_{22}^{(5)} & h_{23}^{(5)} & h_{24}^{(5)} & h_{25}^{(5)} \\ 0 & 0 & h_{33}^{(5)} & h_{34}^{(5)} & h_{35}^{(5)} \\ 0 & 0 & 0 & h_{44}^{(5)} & h_{45}^{(5)} \\ 0 & 0 & 0 & 0 & h_{55}^{(5)} \\ 0 & 0 & 0 & 0 & 0 \end{pmatrix}, \quad \bar{g}_5 = \begin{pmatrix} \gamma_1 \\ \gamma_2 \\ \gamma_3 \\ \gamma_4 \\ \gamma_5 \\ \gamma_6 \end{pmatrix}.$$

一般来说，第i步旋转变换的G_i中的c_i 和s_i 定义如下：

$$s_i = \frac{h_{i+1,i}}{\sqrt{\left(h_{ii}^{(i-1)}\right)^2 + h_{i+1,i}^2}}, \quad c_i = \frac{h_{i,i}^{(i-1)}}{\sqrt{\left(h_{ii}^{(i-1)}\right)^2 + h_{i+1,i}^2}}$$

对于$\bar{H}_m$，我们令$Q_m = G_m G_{m-1} \cdots G_1$，并且

$$\bar{R}_m = \bar{H}_m^{(m)} = Q_m^T \bar{H}_m, \tag{6.12}$$

$$\bar{g}_m = Q_m^T(\beta e_1) = (\gamma_1, \cdots, \gamma_{m+1})^T. \tag{6.13}$$

显然，矩阵Q_m是正交（酉）矩阵，所以我们有

$$\min \|\beta e_1 - \bar{H}_m y\|_2 = \min \|\bar{g}_m - \bar{R}_m y\|_2.$$

我们知道，求解这个最小二乘问题，就等价于求解一个上三角的线性方程组，而极小的残向量就是γ_{m+1}。根据前面的推导，我们有下面的定理：

定理 6.4.1 令$G_i, i = 1, 2, \cdots, m$是一系列把$\bar{H}_m$ 转变成$\bar{R}_m$（见(6.12)）的Givens旋转矩阵，$\bar{g}_m = (\gamma_1, \gamma_2, \cdots, \gamma_{m+1})^T$（见(6.13)）式是经过同样Givens变换后的右端项。R_m 是由$\bar{R}_m$ 去掉最后一行得到的，g_m是由$\bar{g}_m$ 去掉最后一个元素得到的。那么我们有如下结论：

1. AV_m的秩等于R_m的秩。特别地，如果$r_{mm} = 0$，那么A为奇异矩阵。
2. 最小二乘问题$\|\beta e_1 - \bar{H}_m y_m\|_2$ 的解是$y_m = R_m^{-1} g_m$。

3. GMRES第m步迭代的残向量满足：

$$r_m = b - Ax_m = V_{m+1}(\beta e_1 - \bar{H}_m y_m) = V_{m+1} Q_m(\gamma_{m+1} e_{m+1}),$$

因此

$$\|r_m\|_2 = \|b - Ax_m\|_2 = |\gamma_{m+1}|.$$

证明 6.4.1 在这里，我们只证明第一个结论，第二、第三个结论显然，留给读者自己证明。

由Arnoldi过程，我们有

$$\begin{aligned} AV_m &= V_{m+1}\bar{H}_m \\ &= V_{m+1}Q_m Q_m^T \bar{H}_m \\ &= V_{m+1}Q_m \bar{R}_m. \end{aligned}$$

因为$V_{m+1}Q_m^T$是正交（酉）矩阵，因此AV_m的秩等于R_m的秩。如果$r_{mm}=0$，那么$rank(R_m) \leqslant m-1$，因此$rank(AV_m) \leqslant m-1$。

我们注意到在实际计算的时候，需要计算$\|r_m\|_2$来确定计算是否终止，通过上面的分析我们发现，GMRES在Givens变换下，不需要去直接计算$\|r_m\|_2$，而只需要计算γ_{m+1}即可，这个在Givens变换过程中，自然可以得到，无需额外的计算。关于这个过程，我们可以用前面的5 阶例子来说明。假设$G_i, i = 1,2,3,4$这一系列的Givens变换已经做过，即迭代解x_4已经计算出来，假设$\|r_4\|_2$不满足收敛的条件，因此我们需要进一步计算x_5, r_5。由前面，上Hessenber矩阵$\bar{H}_5$ 经过4 次Givens变换后，形式如下：

$$\bar{H}_5^{(4)} = \begin{pmatrix} h_{11}^{(4)} & h_{12}^{(4)} & h_{13}^{(4)} & h_{14}^{(4)} & h_{15}^{(4)} \\ 0 & h_{22}^{(4)} & h_{23}^{(4)} & h_{24}^{(4)} & h_{25}^{(4)} \\ 0 & 0 & h_{33}^{(4)} & h_{34}^{(4)} & h_{35}^{(4)} \\ 0 & 0 & 0 & h_{44}^{(4)} & h_{45}^{(4)} \\ 0 & 0 & 0 & 0 & h_{55}^{(4)} \\ 0 & 0 & 0 & 0 & h_{65} \end{pmatrix}, \quad \bar{g}_5 = \begin{pmatrix} \gamma_1 \\ \gamma_2 \\ \gamma_3 \\ \gamma_4 \\ \gamma_5 \\ 0 \end{pmatrix}.$$

接下来，我们把第五次Givens变换G_5左乘上去，其中G_5 中的

$$s_5 = \frac{h_{65}}{\sqrt{\left(h_{55}^{(4)}\right) + h_{65}^2}}, \quad c_5 = \frac{\left(h_{55}^{(4)}\right)}{\sqrt{\left(h_{55}^{(4)}\right) + h_{65}^2}},$$

得到

$$\bar{R}_5 = \bar{H}_5^{(5)} = \begin{pmatrix} h_{11}^{(5)} & h_{12}^{(5)} & h_{13}^{(5)} & h_{14}^{(5)} & h_{15}^{(5)} \\ 0 & h_{22}^{(5)} & h_{23}^{(5)} & h_{24}^{(5)} & h_{25}^{(5)} \\ 0 & 0 & h_{33}^{(5)} & h_{34}^{(5)} & h_{35}^{(5)} \\ 0 & 0 & 0 & h_{44}^{(5)} & h_{45}^{(5)} \\ 0 & 0 & 0 & 0 & h_{55}^{(5)} \\ 0 & 0 & 0 & 0 & 0 \end{pmatrix} = \begin{pmatrix} r_{11} & r_{12} & r_{13} & r_{14} & r_{15} \\ 0 & r_{22} & r_{23} & r_{24} & r_{25} \\ 0 & 0 & r_{33} & r_{34} & r_{35} \\ 0 & 0 & 0 & r_{44} & r_{45} \\ 0 & 0 & 0 & 0 & r_{55} \\ 0 & 0 & 0 & 0 & 0 \end{pmatrix},$$

$$\bar{g}_5 = \begin{pmatrix} \gamma_1 \\ \gamma_2 \\ \gamma_3 \\ \gamma_4 \\ c_5\gamma_5 \\ -s_5\gamma_5 \end{pmatrix}.$$

如果$|\gamma_{m+1}|$（也就是我们这里的$|\gamma_6|$）充分的小，则算法终止。那么求解如下的下三角方程组

$$R_m y = g_m \text{（即我们这里的} R_5 y = g_5\text{）}$$

可以得到解y_m，这里的R_m是由$\bar{R}_m$去掉最后一行得到，g_m是$\bar{g}_m$去掉最后一个元素得到。然后我们可以用

$$x_m = x_0 + V_m y_m$$

形成满足要求的解。如果$s_j = 0$(即我们这里的$s_5 = 0$)，则我们可以得到方程的精确解，因为此时残向量为零向量。同时，我们注意到$s_j = 0$等价于$h_{j+1,j} = 0$及GMRES方法只能在Arnoldi过程中由于$h_{j+1,j} = 0$而中断，因此我们有如下关于GMRES 算法中断的结论。

定理 6.4.2 如果A是非奇异矩阵，则GMRES方法在第j步中断，即$h_{j+1,j}=0$，当且仅当x_j 为方程组的精确解。

6.4.2 重开始的GMRES方法

我们发现在实际执行算法的时候，需要为$\bar{H}_m, V_m, R_m, y_m$等向量预先准备存储空间，而我们在计算方程组$Ax=b$时，由于不可能事先去分析A的Jordan标准型（因为这本身就是个很困难的问题），所以，我们只能让$m=n$，如果考虑舍入误差的话，m有可能需要大于n，如果方程组规模很大的话，这是一件成本很高的事情，因此我们可以让算法进行到第m步，如果r_m不满足收敛要求，则令$x_0=x_m$，再重新开始算法，这就是重开始技巧。通过这种方法，我们可以灵活地控制程序对内存的需要，节省计算成本，具体算法如下：

算法 6.4.2 重开始的GMRES算法

1. 计算$r_0=b-Ax_0, \beta=\|r_0\|_2, v_1=r_0/\beta$。

2. 用Arnoldi过程生成标准正交基$v_i, i=1,2,\cdots,m$ 和$(m+1)\times m$ 阶上Hessenberg矩阵$\bar{H}_m$。

3. 计算最小二乘问题$\|\beta e_1-\bar{H}_m y\|_2$ 的解y_m，形成解$x_m=x_0+V_m y_m$。

4. 如果满足收敛条件，算法终止，否则$x_0:=x_m$，GoTo1。

§6.5 对称Lanczos算法

当矩阵A对称的时候，我们对Krylov子空间$\mathcal{K}_k(A,r_0)$使用Arnoldi 过程有

$$AV_k=V_{k+1}\bar{H}_k$$
$$V_k^T AV_k=H_k,$$

因为矩阵A对称，所以H_k也对称，所以我们有$h_{ij}=0, 1\leqslant i<j-1$及$h_{j,j+1}=h_{j+1,j}, j=1,2,\cdots,k$，所以$H_k$是一个对称的三对角矩阵。如果我们令

$$h_{jj}=\alpha_j \quad h_{j-1,j}=\beta_j,$$

在下面的内容中，我们令$H_k=T_k$，则对称矩阵A的Arnoldi 过程有如下结论

$$V_k^T AV_k=T_k, \tag{6.14}$$

这里的T_k形式为

$$T_k = \begin{pmatrix} \alpha_1 & \beta_2 & & & \\ \beta_2 & \alpha_2 & \beta_3 & & \\ & \ddots & \ddots & \ddots & \\ & & \beta_{k-1} & \alpha_{k-1} & \beta_k \\ & & & \beta_k & \alpha_k \end{pmatrix}.$$

我们如果用修改的Gram-Schmidt方法执行Lanczos过程，则有如下算法：

算法 6.5.1 Lanczos 算法

1. 选择单位初始向量v_1，令$\beta_1 = 0$，$v_0 = 0$
2. For $j = 1, 2, \cdots, k$ Do:
3. $\quad w_j := Av_j - \beta_j v_{j-1}$
4. $\quad \alpha_j := (w_j, v_j)$
5. $\quad w_j := w_j - \alpha_j v_j$
6. $\quad \beta_{j+1} := \|w_j\|_2$. If $\beta_{j+1} = 0$ then Stop.
7. $\quad v_{j+1} := w_j / \beta_{j+1}$
8. EndDo

这种算法虽然在理论上可以保证v_i的正交化，但在实际执行的时候，只能保证起初产生的一些v_i 的正交性，因此需要用重新正交化，或者是选择正交化来克服[2]。

我们注意到Lanczos算法与非对称情形下Arnoldi算法的最大区别，Lanczos算法每次只需要存储三个向量，是一个三项递推

$$\beta_{j+1} v_{j+1} = Av_j - \alpha_j v_j - \beta_{j-1} v_{j-1},$$

而非对称的Arnoldi算法是从初始向量开始都要出现在递推式中，是一个长递推。

§6.6 共轭梯度法

共轭梯度法是求解正定对称线性方程组$Ax = b$著名算法之一，这种算法采用的是投影算法中的正交投影条件构造出来的，即，选择的搜索子空间和投影子空间都是$\mathcal{K}_k(A, r_0)$。即

$$r_k = b - Ax_k = r_0 - Ac_k \perp \mathcal{K}_k(A, r_0),$$

这里的$r_0 = b - Ax_0$是迭代初始残向量。在下面，我首先考虑对称线性方程组$Ax = b$的求解，即，矩阵A对称，不一定正定。如果V_k是$\mathcal{K}_k(A, r_0)$的一组标准正交基，则$c_k = V_k y_k$。因此

$$\begin{aligned}(r_k, V_k) &= 0,\\ V_k^T A V_k y_k &= V_k^T r_0,\end{aligned}$$

如果我们采用Lanczos算法来产生V_k，则我们有

$$T_k y_k = \|r_0\|_2 e_1, \tag{6.15}$$

解得(6.15)式的解y_k，可以构造迭代解$x_k = x_0 + V_k y_k$。由于需要判断方程组何时终止，我们还需要计算$\|r_k\|_2$

$$\begin{aligned} r_k = b - Ax_k &= b - A(x_0 + v_k y_k)\\ &= r_0 - AV_k y_k\\ &= \|r_0\|_2 v_1 - V_k T_k y_k - \beta_{k+1} e_k^T y_k v_{k+1}\\ &= -\beta_{k+1} e_k^T y_k v_{k+1}. \end{aligned} \tag{6.16}$$

接下来，我们看如何具体求解方程组(6.15)。如果T_k 的LU 分解为

$$T_k = L_k U_k = \begin{pmatrix} 1 & & & & \\ \lambda_2 & 1 & & & \\ & \lambda_3 & 1 & & \\ & & \ddots & \ddots & \\ & & & \lambda_k & 1 \end{pmatrix} \begin{pmatrix} \eta_1 & \beta_2 & & & \\ & \eta_2 & \beta_3 & & \\ & & \ddots & \ddots & \\ & & & \eta_{k-1} & \beta_k \\ & & & & \eta_k \end{pmatrix}.$$

因此，$y_k = U_k^{-1}L_k^{-1}\|r_0\|_2 e_1$。我们有

$$x_k = x_0 + V_k y_k = x_0 + V_k U_k^{-1} L_k^{-1}\|r_0\|_2 e_1.$$

我们令

$$P_k = V_k U_k^{-1}, \quad z_k = L_k^{-1}\|r_0\|_2 e_1,$$

则

$$x_k = x_0 + P_k z_k.$$

令$P_k = (p_1, p_2, \cdots, p_k)$，由于$P_k U_k = V_k$，我们很容易得到关于$P_k$最后一列的递推式

$$p_k = \eta_k^{-1}(v_k - \beta_k p_{k-1}).$$

注意到β_k是Lanczos过程中计算出来的常量，而η_k是对T_k做到第k步Gauss消去法得到的常量，即

$$\lambda_k = \frac{\beta_k}{\eta_{k-1}}, \quad \eta_k = \alpha_k - \lambda_k \beta_k.$$

如果，我们再令

$$z_k = \begin{pmatrix} z_{k-1} \\ \zeta_k \end{pmatrix},$$

这里$\zeta_k = -\lambda_k \zeta_{k-1}$。从而，我们有如下$x_k$的递推式

$$x_k = x_{k-1} + \zeta_k p_k.$$

因此我们得到直接用Lanczos方法求解对称线性方程组$Ax = b$的算法[3]。

算法 6.6.1 D-Lanczos算法(Direct version of the Lanczos algorithm)

1. 计算$r_0 = b - Ax_0$，$\zeta_1 := \beta := \|r_0\|_2$，and $v_1 = r_0/\beta$
2. Set $\lambda_1 = \beta_1 = 0$，$p_0 = 0$
3. For $k = 1, 2, \cdots$, Untill convergence Do:
4. 计算$w := Av_k - \beta_k v_{k-1}$，$\alpha_k = (w, v_m)$
5. If $m > 1$ then 计算$\lambda_k = \frac{\beta_k}{\eta_{k-1}}$ $\zeta_k = -\lambda_k \zeta_{k-1}$

6. $\eta_k = \alpha_k - \lambda_k \beta_k$
7. $p_k = \eta_k^{-1}(v_k - \beta_k p_{k-1})$
8. $x_k = x_{k-1} + \zeta_k p_k$
9. If x_k 收敛then Stop
10. $w := w - \alpha_k v_k$
11. $\beta_{k+1} = \|w\|_2, \quad v_{k+1} = w/\beta_{k+1}$
12. EndDo.

这种算法就是每次迭代过程中用Gauss消去法求解$T_m y_m = \|r_0\|_2 e_1$，如果用部分主元Gauss消去法，算法会更加稳定，当然也可以用LQ分解来求解这个线性方程组，这就是SYMMLQ算法[1]。

由(6.16)式，我们知道上面算法有下面的定理。

定理 6.6.1 令r_k和p_k，$k = 0, 1, 2, \cdots$是上面算法中的残向量和用Gauss消去法产生的辅助向量，则有如下性质：

1. 由(6.16)，$r_k = \sigma_k v_{k+1}$，这里的σ_k是常数，因此，r_k 互相正交。
2. 辅助向量p_k满足：$(Ap_i, p_j) = 0$，当$i \neq j$ 时。

证明 6.6.1 我们只证明第二个结论。因为$P_k = V_k U_k^{-1}$，所以

$$\begin{aligned} P_k^T A P_k &= U_k^{-T} V_k^T A V_k U_k^{-1} \\ &= U_k^{-T} T_k U_k^{-1} \\ &= U_k^{-T} L_k \end{aligned}$$

注意到$U_k^{-T} L_k$是一个下三角矩阵，同时由于$P_k^T A P_k$是对称的，$U_k^{-T} L_k$也对称，因此$U_k^{-T} L_k$是对角矩阵。

我们也可以采用如下方法导出具有如上性质的算法：

首先，我们构造迭代序列$x_k, k = 1, 2, \cdots$如下

$$x_{k+1} = x_k + \alpha_k p_k,$$

则相应的迭代残向量为

$$r_{k+1} = r_k - \alpha_k A p_k. \tag{6.17}$$

如果要r_k相互正交，则α_k必须满足：

$$\alpha_k = \frac{(r_k, r_k)}{(Ap_k, r_k)}. \tag{6.18}$$

又因为下一步搜索方向p_{k+1}是p_k和r_{k+1}的线性组合，所以不妨令

$$p_{k+1} = r_{k+1} + \beta_k p_k. \tag{6.19}$$

因此，上面的式子满足

$$(Ap_k, r_k) = (Ap_k, r_k - \beta_{k-1} p_{k-1}) = (Ap_k, p_k).$$

因为Ap_k和p_{k-1}正交，因此(6.18)式就变成了$\alpha_k = (r_k, r_k)/(Ap_k, p_k)$。由于(6.19)式定义的$p_{k+1}$ 要正交于Ap_k，所以有

$$\beta_k = -\frac{(r_{k+1}, Ap_k)}{(p_k, Ap_k)}.$$

又因为(6.17)式，有$Ap_k = -\frac{1}{\alpha_k}(r_{k+1} - r_k)$，所以

$$\beta_k = \frac{1}{\alpha_k}\frac{(r_{k+1}, (r_{k+1} - r_k))}{(Ap_k, p_k)} = \frac{(r_{k+1}, r_{k+1})}{(r_k, r_k)}.$$

因此，我们有下面的共轭梯度法(CG)：

算法 6.6.2 共轭梯度法(CG)

1. Compute $r_0 = b - Ax_0$, $p_0 := r_0$
2. For $k = 0, 1, \cdots$ until convregence Do:
3. $\alpha_k = \frac{(r_k, r_k)}{(Ap_k, r_k)}$
4. $x_{k+1} = x_k + \alpha_k p_k$
5. $r_{k+1} = r_k - \alpha_k A p_k$
6. $\beta_k = \frac{(r_{k+1}, r_{k+1})}{(r_k, r_k)}$
7. $p_{k+1} = r_{k+1} + \beta_k p_k$

8. EndDo

必须注意到，这里的α_k, β_k和前面Lanczos 算法中的α_k, β_k不是一回事，这里的p_k与D-Lanczos算法中的p_{k+1} 差一个常数。另外，我们还必须注意到CG算法所需要存储的只有x, p, Ap, r这四个，较GMRES算法大大减少。

§6.7 收敛性分析

我们定义

$$\|x\|_A = (Ax, x)^{1/2},$$

定理 6.7.1 假设x_*是方程组的精确解，则对于共轭梯度法，我们有如下的误差估计

$$\|x_* - x_k\|_A \leqslant 2\left(\frac{\sqrt{\kappa_2}-1}{\sqrt{\kappa_2}+1}\right)^k \|x_* - x_0\|_A,$$

这里的$\kappa_2 = \kappa_2(A) = \|A\|\|A^{-1}\|_2$。
对于GMRES算法，我们有如下的收敛性分析结果。

定理 6.7.2 假设矩阵A是可对角化的，即$A = X\Lambda X^{-1}$，这里$\Lambda = diag(\lambda_1, \lambda_2, \cdots, \lambda_n)$。定义

$$e^{(m)} = \min_{p\in P_m, p(0)=1} \max_{i=1,\cdots,n} |p(\lambda_i)|.$$

那么，GMRES的残向量满足

$$\|r_m\|_2 \leqslant \kappa_2(X)e^{(m)}\|r_0\|_2,$$

这里的$\kappa_2(X) = \|X\|_2\|X\|_2$。

§6.8 预条件方法

通过前面的收敛性分析，我们发现，如果矩阵的条件数不好，或者特征值分布不理想，则需要先做预处理，即按照如下标准选择预处理矩阵M

1. $M \approx A$;

2. M的逆矩阵容易计算。

然后做左预处理，即

$$M^{-1}Ax = M^{-1}b,$$

或者做右预处理，即

$$AM^{-1}Mx = b.$$

6.8.1 预处理的CG方法

如果正定对称的预处理矩阵M已经找到，假设M的不完全Cholesky 分解为如下形式

$$M \approx LL^T,$$

为了保证预处理后的矩阵仍然具有对称性，我们采用如下方法

$$L^{-1}AL^{-T}u = L^{-1}b. \tag{6.20}$$

但实际计算的时候，我们没必要按照这种方式来做预处理，然后使用CG 方法，因为我们如果定义

$$(x,y)_M = (Mx,y) = (x,My),$$

则

$$(M^{-1}Ax,y)_M = (Ax,y) = (x,Ay) = (x,M(M^{-1}A)y) = (x,M^{-1}Ay)_M.$$

因此我们只需要把原来CG方法中的Euclidean范数换成我们这里定义的M- 范数，然后对$M^{-1}Ax = M^{-1}b$应用新的CG方法，因为残向量r_j 要左乘以M^{-1}，即

$$z_j = M^{-1}r_j,$$

则与原来的CG方法相比，有如下步骤需要变换：

1. $\alpha_j := (z_j,z_j)_M/(M^{-1}Ap_j,p_j)_M$
2. $x_{j+1} := x_j + \alpha_j p_j$

3. $r_{j+1} := r_j - \alpha_j Ap_j$， $z_{j+1} := M^{-1}r_{j+11}$
4. $\beta_j := (z_{j+1}, z_{j+1})_M/(z_j, z_j)_M$
5. $p_{j+1} := z_{j+1} + \beta_j p_j$

因为$(z_j, z_j)_M = (r_j, z_j)$和$(M^{-1}Ap_j, p_j)_M = (Ap_j, p_j)$，所以$M$ 内积在算法中没必要被显示的计算出来。因此，预处理的CG方法具体如下:

算法 6.8.1 预处理共轭梯度法(PCG)

1. 计算$r_0 = b - Ax_0$， $z_0 = M^{-1}r_0$ $p_0 := z_0$
2. For $k = 0, 1, \cdots$ until convregence Do:
3. $\quad \alpha_k = \frac{(r_k, z_k)}{(Ap_k, r_k)}$
4. $\quad x_{k+1} = x_k + \alpha_k p_k$
5. $\quad r_{k+1} = r_k - \alpha_k Ap_k$
6. $\quad z_{k+1} = M^{-1}r_{k+1}$
7. $\quad \beta_k = \frac{(r_{k+1}, z_{k+1})}{(r_k, z_k)}$
8. $\quad p_{k+1} = z_{k+1} + \beta_k p_k$
9. EndDo

6.8.2 预处理的GMRES

在这里，我们只给出左预处理的GMRES方法，即对$M^{-1}Ax = M^{-1}b$使用GMRES方法如下:

算法 6.8.2 左预处理GMRES法

1. 计算 $r_0 = M^{-1}(b - Ax_0)$， $\beta = \|r_0\|_2$， $v_1 = r_0/\beta$
2. For $j = 1, 2, \cdots, k$ Do:
3. $\quad$ 计算$w_j := M^{-1}Av_j$
4. $\quad$ For $i = 1, \cdots, j$ Do:
5. $\quad\quad h_{ij} := (w, v_i)$
6. $\quad\quad w := w - h_{ij}v_i$
7. $\quad$ EndDo
8. $\quad h_{j+1,j} = \|w\|_2$. If $h_{j+1,j} = 0$ set $m := j$ and go to 12

9. $\quad v_{j+1} = w_j/h_{j+1,j}$

10. EndDo

11. 定义$V_k = [v_1, v_2, \cdots, v_k]$, $\bar{H}_k = (h_{ij})_{1\leqslant i\leqslant j+1;1\leqslant j\leqslant k}$

12. 计算最小二乘问题$\|\beta e_1 - \bar{H}_k y\|_2$ 的解y_k，构造迭代解$x_k = x_0 + V_k y_k$

13. 如果满足收敛条件，算法终止，否则，令$x_0 := x_m$，GoTo1

§6.9 数值算例

[例] **6.9.1** 试用算例说明GMRES方法对于古典迭代的优越性。

我们用如下方法构造算例：

1. 选择单位向量x和y，构造正交矩阵$X = I - 2xx^T$ 与$Y = I - 2yy^T$;

2. 选择向量$d = (d_1, d_2, \cdots, d_n)^T$构造对角矩阵$D = diag(d)$;

3. 构造矩阵$A = XDY$（如果需要A对称，则可$A = XDX^T$），选择向量$e = (1, 1, \cdots, 1)^T$，计算$b = Ae$。

我们这里选取古典迭代里的SOR方法。我们选取向量$x = (1, 2, \cdots, n)^T$，向量$y = (sin\frac{4\pi}{n}, sin\frac{4\cdot 2\pi}{n}, \cdots, sin\frac{4\cdot n\pi}{n})^T$，向量$d$ 满足$d(i) = (-1)^i\left(1 - \frac{n-i}{100n}\right)$。当我们令n=10的时候，SOR 迭代100 次后，计算结果如下

w	1.5	1.2	0.5	0.1	0.01	10^{-4}	10^{-8}
$\frac{\|r_k\|_2}{\|b\|_2}$	0.9788	0.9696	0.6929	0.2020	0.0171	0.0099	0.01

而无重开始的GMRES方法在迭代9步后，相对误差$\frac{\|r_k\|_2}{\|b\|_2} \leq 5.7\times 10^{-9}$，同时，我们还注意到，如果选择$d$满足$d(i) = \left(1 - \frac{n-i}{100n}\right)$，则无重开始的GMRES方法5步迭代后可以收敛，而SOR收敛的情况依然很糟糕，请读者考虑这是为什么？

如果在上面的例子中，选取d满足$d(i) = (-1)^i i$，则对重开始的GMRES方法有如下结果：

重开始参数	100	200	300
$\frac{\|r_k\|_2}{\|b\|_2}$	4×10^{-5}	2.3×10^{-6}	$\leqslant 1\times 10^{-6}$
迭代次数	100(100)	100(200)	53(300)

因此，我们可以发现，选择较大的重开始参数，可以加快GMRES收敛，但这种情况并不总是成立，因为选择重开始的时候，会丢失信息，从而会导致算法停滞。

本章习题

1. 对线性方程组$Ax=b$,

$$A=\begin{pmatrix} I & Y \\ 0 & I \end{pmatrix},$$

使用非重启的GMRES方法，在不考虑舍入误差的影响下，问最多可以迭代多少步得到精确解？

2. 对线性方程组$Ax=b$,

$$A=\begin{pmatrix} I & Y \\ 0 & S \end{pmatrix},$$

使用非重启的GMRES方法，令$r_0=\begin{pmatrix} r_0^{(1)} \\ r_1^{(0)} \end{pmatrix}$为GMRES的初始迭代残向量，假设矩阵$S$关于向量$r_0^{(2)}$的极小多项式的次数是$k$。请问GMRES在不考虑舍入误差的前提下，最多迭代多少步可以得到精确解？

3. 用无重开始的GMRES方法和GMRES(2)计算下面方程组

$$\begin{pmatrix} 1 & 1 & 1 \\ 0 & 1 & 3 \\ 0 & 0 & 1 \end{pmatrix}\begin{pmatrix} x_1 \\ x_2 \\ x_3 \end{pmatrix}=\begin{pmatrix} 2 \\ -4 \\ 1 \end{pmatrix},$$

并分析计算结果。

4. 用GMRES方法求解第五章习题2，并与SOR方法进行比较。

5.求解教材[5]第五章的上机习题1。

7 非对称特征值问题的计算方法

特征值的计算在工程、统计、互联网搜索技术等方面有着重要的应用。在本章，我们主要介绍一些基本的算法。

§7.1 概念回顾

设$A \in \mathcal{C}^{n\times n}$，如果一个复数$\lambda$和一个非零的向量$x \in \mathcal{C}^n$ 满足

$$Ax = \lambda x,$$

则称λ为A的特征值，x为特征向量，并且记A的特征值全体，即A的谱为$\lambda(A)$。

我们知道，矩阵A的特征值是它的特征多项式

$$p_A(\lambda) = det(\lambda I - A)$$

的根，如果

$$p_A(\lambda) = (\lambda - \lambda_1)^{n_1}(\lambda - \lambda_2)^{n_2}\cdots(\lambda - \lambda_p))^{n_p},$$

其中$n_1 + n_2 + \cdots + n_p = n, \lambda_i \neq \lambda_j, i \neq j$，则称$n_i$为$\lambda_i$的代数重数，而称$m_i = n - rank(\lambda_i - A)$为$\lambda_i$的几何重数。显然，$m_i \leqslant n_i, i = 1, 2, \cdots, p$。如果$n_i = 1$，则$\lambda_i$是一个单特征根，如果$n_i = m_i$，则称其是一个半单特征根。如果$A$所有的特征值都是半单的，则称$A$ 是非亏损的。容易证明，A非亏损的充分必要条件是A可对角化。

我们在讨论矩阵A的特征值计算问题时，会用到Jordan分解定理，Schur分解定理及Gerschgorin圆盘定理，具体请参见教材。

7.1.1 幂法

假设A可对角化，即$A = X\Lambda X^{-1}$，其中$\Lambda = diag(\lambda_1, \lambda_2 \cdots, \lambda_n)$，$X = [x_1, x_2, \cdots, x_n] \in \mathcal{C}^{n\times n}$ 非奇异，再假定

$$|\lambda_1| > |\lambda_2| \geqslant \cdots \geqslant |\lambda_n|.$$

则对应任意的$u_0 \in \mathcal{C}^n$有

$$u_0 = \alpha_1 x_1 + \alpha_2 x_2 + \cdots + \alpha_n x_n,$$

这里的$\alpha_i \in \mathcal{C}$。这样，我们有

$$\begin{aligned} A^k u_0 &= \sum_{j=1}^{n} \alpha_j A^k x_j = \sum_{j=1}^{n} \alpha_j \lambda_j^k x_j \\ &= \lambda_1^k \left(\alpha_1 x_1 + \sum_{j=2}^{n} \alpha_j \left(\frac{\lambda_j}{\lambda_1} \right) x_j \right), \end{aligned}$$

由此可知，

$$\lim_{k\to\infty} \frac{A^k u_0}{\lambda_1^k} = \alpha_1 x_1,$$

所以当$\alpha_1 \neq 0$且k充分大时，向量

$$u_k = \frac{A^k u_0}{\lambda_1^k}$$

可以作为λ_1特征向量的近似。

但由于我们事先不知道λ_1，且A^k的计算量会随着k的增长而增长，所以实际计算时上述方法不行。实际上我们感兴趣的仅仅是x_1的方向，因此我们可以用别的向量进行约化，以防止$A^k u_0$出现溢出，因此有如下算法：

算法 7.1.1 幂法

1. $y_k = Au_{k-1}$,
2. $\mu_k = \zeta_j^{(k)}$，$\zeta_j^{(k)}$是y_k 的模最大分量，
3. $u_k = y_k/\mu_k$.

算法中的$u_0 \in \mathcal{C}^n$是任意给定的初始向量，通常要求$\|u_0\|_\infty = 1$。其收敛性有如下定理。

定理 7.1.1 设$A \in \mathcal{C}^{n\times n}$有$p$个互不相同的特征值满足$|\lambda_1| > |\lambda_2| \geqslant \cdots \geqslant |\lambda_p|$，并且模最大的特征值$|\lambda_1|$ 是半单的，如果初始向量u_0在λ_1子空间上的投影不为零，则算法(7.1.1)产生的迭代序列$\{u_k\}$收敛到λ_1的一个特征向量x_1，而且(7.1.1) 产生的数值序列$\{\mu_k\}$收敛到λ_1。

我们注意到这种算法的收敛速度完全依赖于$\frac{|\lambda_2|}{|\lambda_1|}$的大小，因此我们可以将幂法应用于$A-\mu I$，这里的$\mu$使得最大模特征值与其他特征值距离拉大，以加速收敛。

如果我们需要计算多个特征值，我们可以使用收缩技巧来完成，最简单的收缩技巧就是构造正交变换。

7.1.2 反幂法

将算法(7.1.1)应用于A^{-1}，就可以得到下面求解A 最小模特征值的算法。

算法 7.1.2 反幂法

1. $Ay_k = u_{k-1}$,
2. $\mu_k = \zeta_j^{(k)}$，$\zeta_j^{(k)}$是y_k 的模最大分量，
3. $u_k = y_k/\mu_k$.

显然这种算法的收敛速度由$|\lambda_n|/|\lambda_{n-1}|$决定。

在实际应用中，反幂法主要是用来计算某个特征值的特征向量的，即，如果我们用某种方法计算出λ_i的近似值$\tilde{\lambda}_i$后，我们对$A-\tilde{\lambda}_i I$ 使用反幂法:

算法 7.1.3 反幂法$(A-\tilde{\lambda}_i I)$

1. $(A-\mu I)v_k = z_{k-1}, k = 1, 2, \cdots$
2. $z_k = v_k/\|v_k\|_2$,

在上面发现，我们每次需要求解一个病态的方程组。由于这个方程组系数矩阵不变，因此我们可以做一次LU分解实现，而这个方程组的病态并不影响我们算法的收敛速度。

7.1.3 QR方法

QR算法是计算机问世以来非常著名的方法之一，也是目前计算矩阵全部特征值和特征向量最有效的方法之一。

对于给定的矩阵$A_0 = A$，QR的基本迭代如下：

$$A_{m-1} = Q_m R_m, i = 1, 2, \cdots,$$
$$A_m = R_m Q_m,$$

这里的Q_m为酉矩阵，R_m为上三角矩阵，由这个迭代我们容易得到

$$A_m = Q_m^* A_{m-1} Q_m = Q_{m-1}^* Q_m^* A_{m-2} Q_m Q_{m-1} = \cdots = \tilde{Q}_m^* A \tilde{Q}_m,$$

这里的$\tilde{Q}_m = Q_1 Q_2 \cdots Q_m$。如果令$\tilde{R}_m = R_m R_{m-1} \cdots R_1$，则有

$$\tilde{Q}_m \tilde{R}_m = A \tilde{Q}_{m-1} \tilde{R}_{m-1} = \cdots = A^m,$$

如果记$\tilde{R}_m$的元素是γ_{ij}，$\tilde{Q}_m$的第一列为$q_1^{(m)}$，则有

$$A^m e_1 = \gamma_{11} q_1^{(m)},$$

即以e_1作为初始向量，对A做幂法，$q_1^{(m)}$将收敛到A 的λ_1的特征向量。

定理 7.1.2 设A的n各特征值满足$|\lambda_1| > |\lambda_2| > \cdots > |\lambda_n| > 0$，并设$Y$的第$i$行是$A$对应于$\lambda_i$的左特征向量。如果$Y$ 有LU分解，则QR迭代产生的A_m的对角线以下元素趋于零，同时对角线元素对应趋于λ_i。

实际计算时，因为每次做QR分解运算量太大，所以一般先用Householder方法把矩阵A 约化成上Hessenberg矩阵H，然后再对矩阵H做QR迭代。具体如下：

首先，用Householder变换把A约化成上Hessenberg矩阵。

算法 7.1.4 计算上Hessenberg分解

1. for k=1:n-2
2. $\quad [v, \beta] = house(A(k+1:n, k))$
3. $\quad A(k+1:n, k:n) = (I - \beta v v^T) A(k+1:n, k:n)$

4. $\quad A(1:n,k+1:n)=A(1:n,k+1:n)(I-\beta vv^T)$

5. end

一般来讲，上述上Hessenberg分解并不是唯一，但如果约化出来的H 是不可约上Hessenberg矩阵，则分解在差一个符号的前提下是唯一的。

其次，对上Hessenberg矩阵H做QR迭代。在这里需要用到位移技巧，如果考虑到A是实矩阵，则A的特征值有共轭复数对，因此要使用双重步位移技巧，因此也就得到了著名的Francis双重步位移的QR迭代算法：

算法 7.1.5 双重步位移QR迭代

1. $m=n-1$
2. $s=H(m,m)+H(n,n)$
3. $t=H(m,m)H(n,n)-H(m,n)H(n,m)$
4. $x=H(1,1)H(1,1)+H(1,2)H(2,1)-sH(1,1)+t$
5. $y=H(2,1)(H(1,1)+H(2,2)-s)$
6. $z=H(2,1)H(3,2)$
7. for k=0:n-3
8. $\quad [v,\beta]=house([x,y,z]^T)$
9. $\quad q=max\{1,k\}$
10. $\quad H(k+1:k+3,q:n)=(I-\beta vv^T)H(k+1:k+3,q:n)$
11. $\quad r=min\{k+4,n\}$
12. $\quad H(1:r,k+1:k+3)=H(1:r,k+1:k+3)(I-\beta vv^T)$
13. $\quad x=H(k+2,k+1)$
14. $\quad y=H(k+3,k+1)$
15. $\quad if\ \ k<n-3$
16. $\qquad z=H(k+4,k+1)$
17. $\quad$ end
18. end
19. $[v,\beta]=house([x,y]^T)$
20. $H(n-1:n,n-2:n)=(I-\beta vv^T)H(n-1:n,n-2:n)$

21. $H(1:n,n-1:n)=H(1:n,n-1:n)(I-\beta vv^T)$

对于上述算法，我们还需要给出一种收敛的判别准则。如果我们使用下面的判别准则,即当

$$|h_{i+1,i}|\leqslant(|h_{ii}|+|h_{i+1,i+1}|)u$$

时，我们认为$h_{i+1,i}$为零，就可以得到隐式的QR 算法，这种算法是用来计算一个实矩阵A的实Schur分解:$Q^TAQ=T$，其中Q 是正交矩阵，T是拟上三角矩阵，即对角块为1×1或者2×2的块上三角矩阵，而且每个2×2的对角块必有一对复共轭特征值。

算法 7.1.6 Schur分解

1. 输入A.

2. 上Hessenber化：算法7.1.4计算A的上Hessenberg 分解，得$H=U_0^TAU_0$, $Q=U_0$.

3. 收敛性判定:

(a) 把

$$|h_{i+1,i}|\leqslant(|h_{ii}|+|h_{i+1,i+1}|)u$$

的$h_{i,i-1}$置零;

(b) 确定最大的非负整数m和最小的非负整数l，使

$$H=\begin{pmatrix} H_{11} & H_{12} & H_{13} \\ 0 & H_{22} & H_{23} \\ 0 & 0 & H_{33} \end{pmatrix},$$

其中，H_{33}为拟上三角形，而H_{22}为不可约的上Hessenberg 形;

(c) 如果$m=n$，则输出有关信息，结束；否则进行下一步。

4. QR迭代：对H_{22}用算法7.1.5迭代一次得

$$H_{22}=P^TH_{22}P,\quad P=P_0P_1\cdots P_{n-m-l-2}.$$

5. 计算

$$Q = Qdiag(I_l, P, I_m), \quad H_{12} = H_{12}P, \quad H_{23} = P^T H_{23},$$

然后转步(3).

§7.2 数值算例

[例] 7.2.1 多项式求根问题。

多项式求根是一个古老而有趣的数学问题，我们从中学开始就已经在接触和学习这个问题了。目前关于多项式求根的理论结果有代数学基本定理、ieta定理、Abel 定理、auchy 定理、Budan-Fourier定理等，数值计算方法有Newton-Horner方法、快速QR方法，具体可参见[6]。我们这里将用QR方法来求解多项式的根。考虑多项式

$$p_n(z) = \alpha_0 + \alpha_1 z + \alpha_2 z^2 + \cdots + \alpha_n z^n \tag{7.1}$$

根据上述给定多项式的系数，我们可以构造一个矩阵

$$C = \begin{pmatrix} 0 & & & & -\alpha_0 \\ 1 & 0 & & & -\alpha_1 \\ & 1 & \ddots & & \vdots \\ & & \ddots & 0 & -\alpha_{n-2} \\ & & & 1 & -\alpha_{n-1} \end{pmatrix}. \tag{7.2}$$

通常矩阵C是多项式$p_n(z)$的酉矩阵。容易验证，矩阵C 的特征多项式正好是$p_n(z)$，因此C 的特征根即为$p_n(z)$ 的根，这样，把多项式求根问题，就转换成了矩阵C的特征值计算问题。

下面，用上述方法求解多项式$x^3 + x^2 - 5x + 3 = 0$的根。这个特征值的酉矩阵为：

$$C = \begin{pmatrix} 0 & 0 & 0 & -3 \\ 1 & 0 & 0 & 5 \\ 0 & 1 & 0 & -1 \\ 0 & 0 & 1 & -1 \end{pmatrix}.$$

特征值的计算可以调用matlab的函数E=eig(C)，则计算结果为

$$E = [-1.2833+1.6373i, -1.2833-1.6373i, 0.7833+0.2823i, 0.7833-0.2823i].$$

本章习题

1. 利用Matlab的eig()函数计算下列多项式的根：

(a) $x^3 - 3x - 1 = 0$;

(b) $x^8+101x^7+208.01x^6+10891.01x^5+9802.08x^4+79108.9x^3-99902x^2+790x-1000=0$;

(c) $x^{41} + x^3 + 1 = 0$.

2. 设

$$A = \begin{pmatrix} 9.1 & 3.0 & 2.6 & 4.0 \\ 4.2 & 5.3 & 4.7 & 1.6 \\ 3.2 & 1.7 & 9.4 & x \\ 6.1 & 4.9 & 3.5 & 6.2 \end{pmatrix}.$$

计算当$x = 0.9$, 1.0 ,1.1时的全部特征值，并观察特征值的变化情况，分析原因。

参考文献

[1] C.C Paige, M. A. Saunders *Solution of sparse indeifinite systems of linear equations*, SIAM Journal on Numerical Analysis, 12:617-624, 1975.

[2] B.N. Parlett, *Symmetric Eigenvalue Problem*, Prentice Hall, Englewood Cliffs, 1980.

[3] Y. Saad, *Iterative methods for sparse linear systems*, SIAM, 2003.

[4] H.F. Walker, *Implementation of the GMRES method using Householder transformation*, SIAM Journal on Scientific Computing, 9:152-163, 1988.

[5] 徐树方、高立、张平文:《数值线性代数》，北京大学出版社2000年版。

[6] 徐树芳、钱江:《矩阵计算六讲》，高等教育出版社2011年版。